NOUVEAU TARIF

POUR

LA CUBATURE DES BOIS.

NOUVEAU

TARIF

POUR

LA RÉDUCTION EN DÉCISTÈRES

DES BOIS CARRÉS ET RONDS,

Par Jules Baudson.

PRIX : 1 Fr. 25 C.

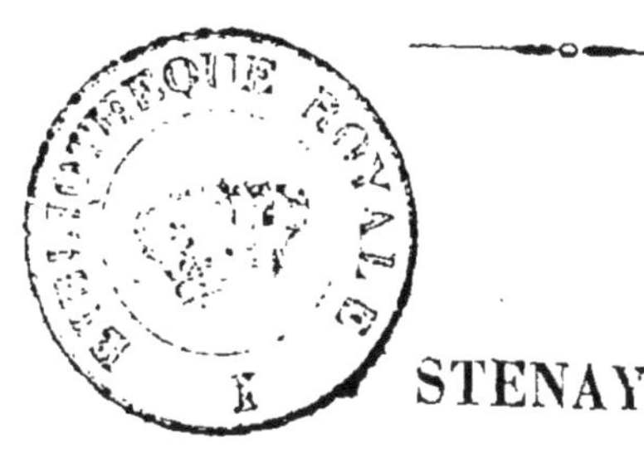

STENAY,

CHEZ L'AUTEUR

ET CHEZ LES PRINCIPAUX LIBRAIRES DE FRANCE.

1839.

Tous les exemplaires non revêtus de ma Griffe seront réputés contrefaits.

STENAY,

IMPRIMERIE DE RENAUDIN.

INTRODUCTION.

Dans tous les temps on a senti la nécessité d'avoir pour les poids et les mesures une unité fondamentale; et lorsque, chargés de cette mission, des mathématiciens distingués eurent résolu ce beau problême, on se mit de suite à l'œuvre, pour faire adopter le système métrique. Mais pour le substituer entièrement à cet inextricable chaos de mesures locales qui couvrait alors la France, on comprit qu'il fallait bien du temps; aussi n'a-t-on pas cherché à le faire tout d'un coup. Ce n'est qu'au bout d'un demi siècle, lorsqu'une génération nouvelle a pu en distinguer tous les avantages, que le gouvernement a pu l'adopter sans restriction.

Ce système, déjà en usage dans quelques-unes de ses divisions, telles que les poids et les mesures de superficie, a pour ainsi dire échoué devant les méthodes employées jusqu'aujourd'hui pour cuber les bois, et il ne fallait rien moins que la loi qui interdit l'usage des pieds, toises, pièces ou solives, à partir du premier janvier 1840, pour que l'on en vint à se servir du mètre comme unique mesure.

De tous les ouvrages qui ont traité de la cubature des bois carrés, on peut dire qu'un seul avait atteint le but; c'est le *Tarif* pour la réduction du bois carré en pièces ou solives par *Desclos*.

Depuis que le besoin d'avoir des tables pour la

réduction des bois, suivant le nouveau système, s'est fait sentir, quelques traités ou tarifs ont parus, mais aucun n'est complet; ainsi les uns ne présentent que des tables de comparaison des nouvelles mesures aux anciennes, les autres ont traité ce sujet si superficiellement, les tables en sont si restreintes que, ayant a réduire un mémoire de bois compliqué, on se trouverait à chaque instant dans l'obligation de faire soi-même les calculs, faute d'en trouver la solution dans les tables.

L'ouvrage le plus complet qui ait paru jusqu'aujourd'hui, contient à peine dix mille calculs, au lieu que le *Nouveau Tarif,* sans être aussi volumineux, résout trente mille problêmes de bois carrés ou ronds.

Quant à la cubature géométrique des bois ronds, le *Nouveau Tarif* est le premier et le seul qui en ait traité jusqu'aujourd'hui.

Choix de l'unité.

Le décistère, ou dixième partie du mètre cube, m'a paru devoir, plutôt que le mètre, servir d'unité, d'abord parce qu'il se rapproche plus de la solive, ensuite parce qu'il est déjà en usage depuis quelques temps dans les constructions publiques, soit sous son nom propre, soit sous celui de solive métrique.

Rapports du décistère avec la solive.

La solive, mesurée au pied de roi, est au décistère comme 1000 est à 972, ainsi un mètre cube ou 10 décistères, valent 9 solives 72 centièmes, et 10 solives valent 1 mètre cube 28 millièmes ou 10 décistères 28 centièmes.

La solive, mesurée avec un pied dit métrique ou tiers de mètre, contenant 3 pieds cubes, et 1 mètre cube contenant 27 pieds cubes, il s'ensuit que 1 mètre cube équivaut à 9 solives, pied métrique.

Observations sur la méthode employée jusqu'aujourd'hui pour cuber les bois ronds ou grumes.

Toute défectueuse et inexacte qu'est la manière qu'on va indiquer, elle n'en est pas moins usitée par la plupart des marchands de bois.

On prend la circonférence de l'arbre à soliver, puis le quart, que l'on regarde comme le côté d'une pièce carrée, dont on trouve la valeur soit sur le tarif, soit en opérant soi-même.

Ainsi, soit à soliver un arbre grume de 6 pieds ou 72 pouces de circonférence, sur 30 pieds de longueur, on dit : le quart de 72 est 18, on voit sur le barême de 18 à 18 sur 30 pieds de longueur, et on trouve 22 solives 36 pouces, pour le cube de l'arbre.

Un instant de réflexion fait voir combien cette méthode est vicieuse, car vouloir qu'un cercle et un carré soient égaux en surface, parce que leur perimètre ou circonférence est la même, c'est de la plus grande simplicité. En vérité, le problème de la quadrature du cercle se trouverait résolu sans effort d'intelligence.

Si maintenant l'on compare cette manière de soliver avec celle qu'on eut dû employer, c'est-à-dire, de multiplier la circonférence par la moitié du rayon, on trouvera une différence de près d'un quart. Ainsi l'arbre dont je viens de parler, cubé géométriquement, eut donné 28 solives 46 pouces, ou 6 solives 10 pouces de plus.

De même, un arbre de 12 mètres de longueur sur 2 mètres 80 centimètres de circonférence, si l'on prend le quart de la circonférence qui est 0, 70 centimètres, et qu'on en cherche la valeur comme d'une pièce carrée, produira (voyez page 109) 58 décistères 80 centièmes, tandis que cubé géométriquement (voyez page 160), il portera 74 décistères 87 centièmes, ou 16 décistères 7 centièmes de plus.

Formules pour la réduction des bois ronds et carrés.

Pour les bois carrés, l'énoncé de la formule est très-simple. Soit X le cube à trouver.

A et B les côtés de la pièce de bois.

L la longueur.

On aura $X = A \times B \times L$ ou $X = A\,B\,L$.

Quant aux bois ronds les opérations sont plus longues et exigent une certaine familiarité avec le langage algébrique.

Il est démontré en géométrie élémentaire, que la surface du cercle est égale à la circonférence multipliée par la moitié du rayon.

La circonférence dans un arbre rond est facile à déterminer ; mais il n'en est pas de même du rayon, dont la valeur ne peut être donnée que par le rapport approché du diamètre à la circonférence.

Archimèdes à trouvé que ce rapport pouvait être exprimé par les nombres 7 et 22, c'est-à-dire que, le diamètre étant 7, la circonférence serait 22 et *vice versâ*.

Métius a approché plus près au moyen de la fraction $\frac{113}{355}$, servons nous un instant de ce rapport et soient :

C la circonférence de l'arbre,
D le diamètre ,
R le rayon ,
L la longueur,
et Y le cube à trouver.

On aura pour la valeur du diamètre

$$D = C \times \frac{113}{355}$$

Pour celle du $\frac{1}{2}$ rayon

$$\frac{1}{2} R = \frac{D}{4} = C \times \frac{113}{355 \times 4}$$

Le cube de l'arbre est exprimé par l'équation

$$Y = C \times \frac{1}{2} R \times L.$$

Substituant à $\frac{1}{2}$ R sa valeur que nous avons trouvée,

il viendra

$$Y = C \times C \times \frac{113}{355 \times 4} \times L.$$

Ou en simplifiant, $Y = C^2 \times \dfrac{113}{1140} \times L.$

Et reduisant la fraction en décimales.

$$Y = C^2 \times 0.\ 795774647 \times L.$$

Il résulte donc que, pour trouver le cube d'un arbre grume ou rond, il faut, 1° élever la circonférence au carré, 2° multiplier le produit par la fraction 0. 795774647, 3° multiplier le nouveau produit par la longueur.

On a trouvé un rapport plus approché que celui donné par *Métius*, il est exprimé par la fraction décimale 3, 1415926 ; si l'on fait sur ce chiffre des opérations semblables à celles ci-dessus, on obtiendra la formule ci-dessous, sur laquelle ont été basés tous les calculs du *Nouveau Tarif* pour les bois ronds.

$$Y = C^2 \times 795774729 \times L.$$

Cependant, dans le but de satisfaire ceux qui vouvront suivre l'ancienne méthode, j'ai établi, page 165 et suivantes, un tableau d'après lequel ils pourront trouver la réduction des bois ronds ou grumes, considérés comme équivalents à des pièces de bois carré de même circonférence.

Pour faciliter l'usage des différentes espèces de tables du *Nouveau Tarif*, voici plusieurs exemples des divers cas qui peuvent se présenter.

Bois carré.

Soit à réduire une pièce de bois carré de 13 centimètres de grosseur d'une face, sur 17 centimètres de grosseur de l'autre face, et 11 mètres 50 centimètres de longueur.

On cherchera d'abord la page du tarif des bois carrés, portant en tête **De 13 centimètres à** : on prendra ensuite la colonne 17 que l'on suivra jusqu'à ce que l'on soit vis-à-vis la longueur 11 mètres, on obtiendra. . . . . 2 déc. 43

On prendra dans la même colonne le chiffre qui se trouve vis-à-vis 0. 50 centimètres de longueur. 0   11

On aura pour le cube de la pièce.   2   déc.   54

Bois rond cubé géométriquement.

Soit à cuber géométriquement un arbre grume ou rond de 19 mètres de longueur, sur une circonférence de 1 mètre 89 centimètres.

On cherchera dans les bois ronds la page où est **Circonférence 1, 89** et, après avoir pris la valeur pour 12 mètres de longueur, qui est de. . 34 déc. 11

On y ajoutera celle pour 7 mètres, qui est de. 19   90

L'arbre contiendra en totalité. . . 54 déc. 01

Bois rond cubé à l'ancienne méthode.

Soit une pièce de bois grume ou rond, de 2 mètres 26 centimètres de circonférence, sur 7 mètres de longueur, dont on veut obtenir le cube suivant l'ancienne méthode, c'est-à-dire, en divisant la circonférence en quatre parties qui seraient les côtés d'une pièce de bois carré.

On cherchera dans le tableau page 165 et suivantes, et dans la colonne *circonférence* le nombre 2, 26, là se trouvent indiquées la page et la colonne où on doit se reporter. Ainsi, ayant cherché, **De 56 à 57 centimètres**, page 95, la valeur de cette pièce sur 7 mètres de longueur, on trouve qu'elle est de 22 décistères 34 centièmes.

Il arrive quelques fois, qu'au lieu d'être renvoyé dans les bois carrés, on a à chercher le cube dans les bois ronds, l'opération en est aussi facile, en voici un exemple :

Soit à réduire, toujours suivant l'ancien usage, un arbre de 21 mètres de longueur sur 3 mètres 21 centimètres de circonférence, on trouvera, page 169, qu'il faut se reporter page 161, à **Circonférence**, 2, 84.

La valeur pour 12 mètres de longueur, étant de. . . . . 77 déc. 02

On y ajoutera celle pour 9, de. . . 57   76

On trouvera pour le cube total. . 134 déc. 78

Instruction sur la manière de cuber le plus exactement
possible les bois flacheux ou légèrement écarris.

Il arrive souvent que l'on a à cuber des arbres qui
ne sont ni ronds ni équarris, c'est-à-dire, qu'après en
avoir enlevé l'écorce, on a un peu aplati les quatre
côtés. Il reste alors aux angles ou arêtes, quatre
flaches triangulaires qui doivent être déduites du
cube de l'arbre.

Prenons pour exemple l'arbre figuré ci-dessous.

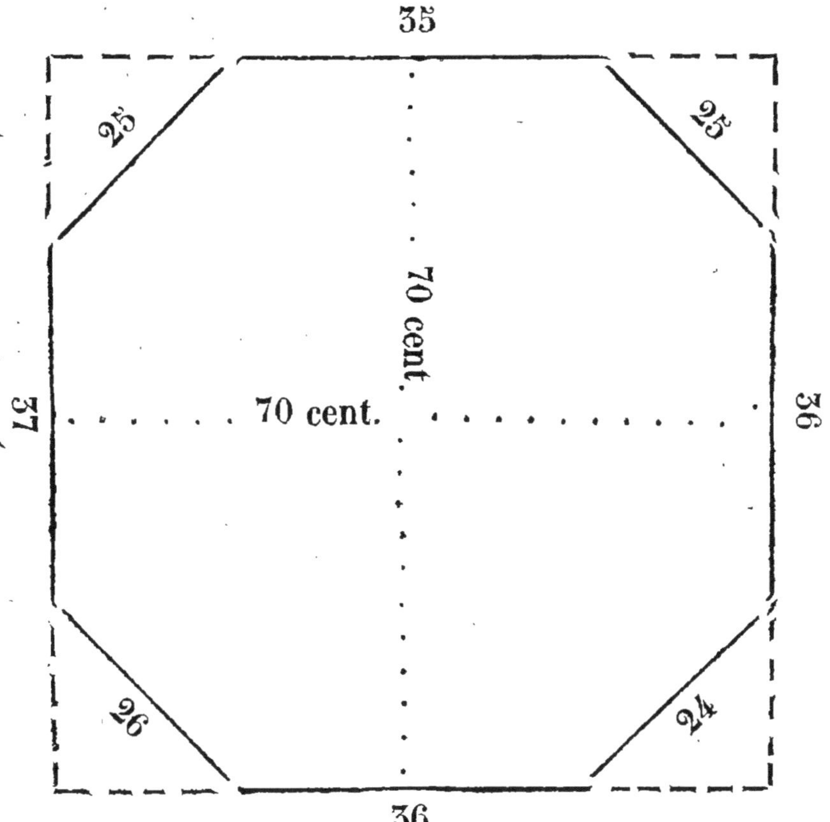

Soit la longueur de l'arbre. .   10^m »
Le diamètre ou équarissage.   0   70
La largeur moyenne des fla-
.ches.   0   25
La circonférence de l'arbre
  prise à la ficelle, sera de. .   2   38

Si l'on cherche le cube de cet arbre comme bois rond, on trouvera (page 153). . . . . 45 déc.   08

Ce cube est inexact; mais il le serait bien davantage, si l'on regardait cet arbre comme pièce de bois carré, et qu'on en cherchât le cube dans les tables de bois carré, il produirait alors, (page 109).   49 déc.

Or, pour trouver le cube exact de l'arbre, il faut de cette valeur de 49 décistères, déduire le cube des quatre flaches triangulaires, dont l'hypotènuse moyenne est 0, 25, et si l'on regarde ces quatre triangles comme provenant d'un carré qui aurait 0, 25 de côté, on pourra les réunir et former un parallélipipède quadrangulaire, dont les côtés sont égaux à la largeur moyenne des flaches, et dont on devra retrancher la valeur du cube total :

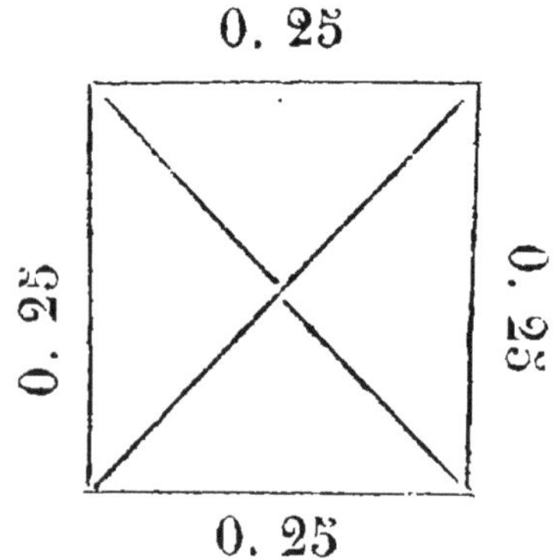

Ainsi le cube primitif étant. . . .   49 déc.

Celui du parallélipipede (page 48)

    étant de. . . . . - .   6   25

Il reste pour le cube réel de l'arbre.   42 déc. 75

D'où l'on peut prendre pour règle générale :

Pour obtenir le cube des bois légèrement équarris ou flacheux, il faut après avoir pris le cube de l'arbre comme s'il était bien équarri, prendre la largeur moyenne des flaches, et considérant cette mesure comme le côté d'une pièce carrée, en déduire la valeur du cube primitivement obtenu.

En voici un second exemple.

Soit à réduire un arbre de 11 mètres 90 de longueur, sur 39 centimètres de grosseur d'un côté et 48 de l'autre.

La largeur des quatre flaches étant 19, 12, 16 et 17 centimètres.

On aura d'abord pour le cube total de l'arbre (page 77), savoir :

    Pour 11 mètres. . . . . 20 déc. 59

    Pour 0 90. 1   68

                          22 déc. 27

On additionnera les quatre flaches, dont on aura la moyenne, en en prenant le quart qui est de 0. 16.

Cherchant la valeur d'une pièce de 16 à 16 sur 11 mètres 90 de longueur, on aura :   3 déc. 05

    Que l'on déduira du cube de la pièce.

    Il résulte que l'arbre a pour cube

    réel. . . . . 19 déc. 22

Comme il peut arriver que les flaches soient trop faibles pour qu'on puisse en trouver les dimensions dans les bois carrés, j'ai placé, à la fin du *Nouveau Tarif*, des tables où l'on trouve la réduction des pièces de 0, 02 centimètres, jusqu'à 10 centimètres de côté.

Ainsi, soit une pièce de 4 mètres de longeur sur 16 à 19 cent. d'équarrissage, et soient 0, 01, 0, 02, 0, 02 et 0, 03, les quatre largeurs des flaches, après avoir pris le cube total (page 30). . . 1 déc. 220

On cherchera celui des flaches de 0, 02 à 0, 02 sur 4 mètres de longueur (page 172) que l'on déduira du premier. . . . 0   016

Il restera, pour le cube de la pièce. . 1 déc. 204

ERRATA.

Page		colonne	au lieu de	lisez
22 dernière ligne,		3e	1 98	1 87.
54 av. dern. ligne,		5e	9 53	9 55.
62 première ligne,			De 33 centim.	De 32 c.
106 dernière ligne,		7e	58 89	57 89

BOIS CARRÉS.

LONGUEURS	10	11	12	13	14	15
0 05	0 005	0 005	0 006	0 006	0 007	0 007
0 10	0 010	0 011	0 012	0 013	0 014	0 015
0 15	0 015	0 016	0 018	0 019	0 021	0 022
0 20	0 020	0 022	0 024	0 026	0 028	0 030
0 25	0 025	0 027	0 030	0 032	0 035	0 037
0 30	0 030	0 033	0 036	0 039	0 042	0 045
0 35	0 035	0 038	0 042	0 045	0 049	0 052
0 40	0 040	0 044	0 048	0 052	0 056	0 060
0 45	0 045	0 050	0 054	0 058	0 063	0 067
0 50	0 050	0 055	0 060	0 065	0 070	0 075
0 55	0 055	0 060	0 066	0 071	0 077	0 082
0 60	0 060	0 066	0 072	0 078	0 084	0 090
0 65	0 065	0 071	0 078	0 084	0 091	0 097
0 70	0 070	0 077	0 084	0 091	0 098	0 10
0 75	0 075	0 082	0 090	0 097	0 10	0 11
0 80	0 080	0 088	0 096	0 10	0 11	0 12
0 85	0 085	0 093	0 10	0 11	0 12	0 13
0 90	0 090	0 10	0 11	0 12	0 13	0 15
0 95	0 095	0 10	0 11	0 12	0 13	0 14
1 »	0 10	0 11	0 12	0 15	0 14	0 15
2 »	0 20	0 22	0 24	0 26	0 28	0 30
3 »	0 30	0 33	0 56	0 59	0 42	0 45
4 »	0 40	0 44	0 48	0 52	0 56	0 60
5 »	0 50	0 55	0 60	0 65	0 70	0 75
6 »	0 60	0 66	0 72	0 78	0 84	0 90
7 »	0 70	0 77	0 84	0 91	0 98	1 05
8 »	0 80	0 88	0 96	1 04	1 12	1 20
9 »	0 90	0 99	1 08	1 17	1 26	1 35
10 »	1 »	1 10	1 20	1 30	1 40	1 50
11 »	1 10	1 21	1 32	1 43	1 54	1 65
12 »	1 20	1 32	1 44	1 56	1 68	1 80

LONGUEURS.	16	17	18	19	20	21
0 05	0 008	0 008	0 009	0 009	0 010	0 010
0 10	0 016	0 017	0 018	0 019	0 020	0 021
0 15	0 024	0 025	0 027	0 028	0 030	0 031
0 20	0 032	0 034	0 036	0 038	0 040	0 042
0 25	0 040	0 042	0 045	0 047	0 050	0 052
0 30	0 048	0 051	0 054	0 057	0 060	0 063
0 35	0 056	0 060	0 063	0 066	0 070	0 073
0 40	0 064	0 068	0 072	0 076	0 080	0 084
0 45	0 072	0 076	0 081	0 085	0 090	0 094
0 50	0 080	0 085	0 090	0 095	0 10	0 10
0 55	0 088	0 093	0 099	0 10	0 11	0 12
0 60	0 096	0 10	0 11	0 11	0 12	0 13
0 65	0 10	0 11	0 12	0 12	0 13	0 14
0 70	0 11	0 12	0 13	0 13	0 14	0 15
0 75	0 12	0 13	0 14	0 14	0 15	0 16
0 80	0 13	0 14	0 14	0 15	0 16	0 17
0 85	0 14	0 15	0 15	0 16	0 17	0 18
0 90	0 14	0 15	0 16	0 17	0 18	0 19
0 95	0 15	0 16	0 17	0 18	0 19	0 20
1 »	0 16	0 17	0 18	0 19	0 20	0 21
2 »	0 32	0 34	0 36	0 38	0 40	0 42
3 »	0 48	0 51	0 54	0 57	0 60	0 63
4 »	0 64	0 68	0 72	0 76	0 80	0 84
5 »	0 80	0 85	0 90	0 95	1 00	1 05
6 »	0 96	1 02	1 08	1 14	1 20	1 26
7 »	1 12	1 19	1 26	1 33	1 40	1 47
8 »	1 28	1 36	1 44	1 52	1 60	1 68
9 »	1 44	1 53	1 62	1 71	1 80	1 89
10 »	1 60	1 70	1 80	1 90	2 »	2 10
11 »	1 76	1 87	1 98	2 09	2 20	2 31
12 »	1 92	2 04	2 16	2 28	2 40	2 52

De 11 centimètres à

LONGUEURS.		11	12	13	14	15	16
0	05	0 006	0 007	0 007	0 008	0 008	0 009
0	10	0 012	0 013	0 014	0 015	0 016	0 018
0	15	0 018	0 020	0 021	0 023	0 025	0 026
0	20	0 024	0 026	0 029	0 031	0 033	0 035
0	25	0 030	0 033	0 036	0 039	0 041	0 044
0	30	0 036	0 040	0 043	0 046	0 049	0 053
0	35	0 042	0 046	0 050	0 054	0 058	0 062
0	40	0 048	0 053	0 057	0 062	0 066	0 070
0	45	0 054	0 059	0 064	0 069	0 074	0 079
0	50	0 060	0 066	0 071	0 077	0 082	0 088
0	55	0 067	0 073	0 079	0 085	0 091	0 097
0	60	0 073	0 079	0 086	0 092	0 099	0 11
0	65	0 079	0 086	0 093	0 10	0 11	0 11
0	70	0 085	0 092	0 10	0 11	0 11	0 12
0	75	0 091	0 099	0 11	0 12	0 12	0 13
0	80	0 097	0 11	0 11	0 12	0 13	0 14
0	85	0 10	0 11	0 12	0 13	0 14	0 15
0	90	0 11	0 12	0 13	0 14	0 15	0 16
0	95	0 11	0 13	0 14	0 15	0 16	0 17
1	»	0 12	0 13	0 14	0 15	0 16	0 18
2	»	0 24	0 26	0 29	0 31	0 33	0 35
3	»	0 36	0 40	0 43	0 46	0 49	0 53
4	»	0 48	0 53	0 57	0 62	0 66	0 70
5	»	0 60	0 66	0 71	0 77	0 82	0 88
6	»	0 73	0 79	0 86	0 92	0 99	1 06
7	»	0 85	0 92	1 »	1 08	1 15	1 23
8	»	0 97	1 06	1 14	1 23	1 32	1 41
9	»	1 09	1 19	1 29	1 39	1 48	1 58
10	»	1 21	1 32	1 43	1 54	1 65	1 76
11	»	1 33	1 45	1 57	1 69	1 81	1 94
12	»	1 45	1 58	1 72	1 85	1 98	2 11

LONGUEURS.	17	18	19	20	21	22
0 05	0 009	0 010	0 010	0 011	0 011	0 012
0 10	0 019	0 020	0 021	0 022	0 023	0 024
0 15	0 028	0 030	0 031	0 033	0 035	0 036
0 20	0 037	0 040	0 042	0 044	0 046	0 048
0 25	0 046	0 049	0 052	0 055	0 057	0 060
0 30	0 056	0 059	0 063	0 066	0 069	0 073
0 35	0 065	0 069	0 073	0 077	0 081	0 085
0 40	0 075	0 079	0 084	0 088	0 092	0 097
0 45	0 084	0 089	0 094	0 099	0 10	0 11
0 50	0 093	0 099	0 10	0 11	0 11	0 12
0 55	0 10	0 11	0 11	0 12	0 13	0 13
0 60	0 11	0 12	0 12	0 13	0 14	0 14
0 65	0 12	0 13	0 14	0 14	0 15	0 16
0 70	0 13	0 14	0 15	0 15	0 16	0 17
0 75	0 14	0 15	0 16	0 16	0 17	0 18
0 80	0 15	0 16	0 17	0 18	0 18	0 19
0 85	0 16	0 17	0 18	0 19	0 20	0 21
0 90	0 17	0 18	0 19	0 20	0 21	0 22
0 95	0 18	0 19	0 20	0 21	0 22	0 23
1 »	0 19	0 20	0 21	0 22	0 23	0 24
2 »	0 37	0 40	0 42	0 44	0 46	0 48
3 »	0 56	0 59	0 63	0 66	0 69	0 73
4 »	0 75	0 79	0 84	0 88	0 92	0 97
5 »	0 93	0 99	1 04	1 10	1 15	1 21
6 »	1 12	1 19	1 25	1 32	1 39	1 45
7 »	1 31	1 39	1 46	1 54	1 62	1 69
8 »	1 50	1 58	1 67	1 76	1 85	1 94
9 »	1 68	1 78	1 88	1 98	2 08	2 18
10 »	1 87	1 98	2 09	2 20	2 31	2 42
11 »	2 06	2 18	2 30	2 42	2 54	2 66
12 »	2 24	2 38	2 51	2 64	2 77	2 90

De 12 centimètres à

LONGUEURS.	12	13	14	15	16	17
0 05	0 007	0 008	0 008	0 009	0 010	0 010
0 10	0 014	0 016	0 017	0 018	0 019	0 020
0 15	0 022	0 023	0 025	0 027	0 029	0 030
0 20	0 029	0 031	0 033	0 036	0 038	0 041
0 25	0 036	0 039	0 042	0 045	0 048	0 051
0 30	0 043	0 047	0 050	0 054	0 058	0 061
0 35	0 050	0 054	0 059	0 063	0 067	0 071
0 40	0 057	0 062	0 067	0 072	0 077	0 082
0 45	0 065	0 070	0 075	0 081	0 086	0 092
0 50	0 072	0 078	0 084	0 090	0 096	0 10
0 55	0 079	0 086	0 092	0 099	0 10	0 11
0 60	0 086	0 094	0 10	0 11	0 11	0 12
0 65	0 093	0 10	0 11	0 12	0 11	0 13
0 70	0 10	0 11	0 12	0 13	0 13	0 14
0 75	0 11	0 12	0 13	0 13	0 14	0 15
0 80	0 11	0 12	0 13	0 14	0 15	0 16
0 85	0 12	0 13	0 14	0 15	0 16	0 17
0 90	0 13	0 14	0 15	0 16	0 17	0 18
0 95	0 14	0 15	0 16	0 17	0 18	0 19
1 »	0 14	0 16	0 17	0 18	0 19	0 20
2 »	0 29	0 31	0 34	0 36	0 38	0 41
3 »	0 43	0 47	0 50	0 54	0 58	0 61
4 »	0 58	0 62	0 67	0 72	0 77	0 82
5 »	0 72	0 78	0 84	0 90	0 96	1 02
6 »	0 86	0 94	1 01	1 08	1 15	1 22
7 »	1 01	1 09	1 18	1 26	1 34	1 43
8 »	1 15	1 25	1 34	1 44	1 54	1 63
9 »	1 30	1 40	1 51	1 62	1 73	1 84
10 »	1 44	1 56	1 68	1 80	1 92	2 04
11 »	1 58	1 72	1 85	1 98	2 11	2 24
12 »	1 73	1 98	2 02	2 16	2 30	2 45

LONGUEURS.	18	19	20	21	22	23
0 05	0 011	0 011	0 012	0 013	0 013	0 014
0 10	0 022	0 023	0 024	0 025	0 026	0 028
0 15	0 032	0 034	0 036	0 038	0 039	0 041
0 20	0 043	0 045	0 048	0 050	0 053	0 055
0 25	0 054	0 057	0 060	0 063	0 066	0 069
0 30	0 065	0 068	0 072	0 076	0 079	0 083
0 35	0 075	0 080	0 084	0 088	0 092	0 097
0 40	0 086	0 091	0 096	0 10	0 10	0 11
0 45	0 097	0 10	0 11	0 11	0 12	0 12
0 50	0 11	0 11	0 12	0 13	0 13	0 14
0 55	0 12	0 13	0 13	0 14	0 14	0 15
0 60	0 13	0 14	0 14	0 15	0 16	0 17
0 65	0 14	0 15	0 16	0 16	0 17	0 18
0 70	0 15	0 16	0 17	0 18	0 18	0 19
0 75	0 16	0 17	0 18	0 19	0 20	0 21
0 80	0 17	0 18	0 19	0 20	0 21	0 22
0 85	0 18	0 19	0 20	0 21	0 22	0 23
0 90	0 19	0 20	0 22	0 23	0 24	0 25
0 95	0 20	0 22	0 23	0 24	0 25	0 26
1 »	0 22	0 23	0 24	0 25	0 26	0 28
2 »	0 43	0 46	0 48	0 50	0 53	0 55
3 »	0 65	0 68	0 72	0 76	0 79	0 83
4 »	0 86	0 91	0 96	1 01	1 06	1 10
5 »	1 08	1 14	1 20	1 26	1 32	1 38
6 »	1 30	1 37	1 44	1 51	1 58	1 66
7 »	1 51	1 60	1 68	1 76	1 85	1 94
8 »	1 73	1 82	1 92	2 02	2 11	2 21
9 »	1 94	2 05	2 16	2 27	2 38	2 48
10 »	2 16	2 28	2 40	2 52	2 64	2 76
11 »	2 38	2 51	2 64	2 77	2 90	3 04
12 »	2 59	2 74	2 88	3 02	3 17	3 31

LONGUEURS.	13	14	15	16	17	18
0 05	0 008	0 009	0 010	0 010	0 011	0 012
0 10	0 017	0 018	0 019	0 021	0 022	0 023
0 15	0 025	0 027	0 029	0 031	0 033	0 035
0 20	0 034	0 036	0 039	0 042	0 044	0 047
0 25	0 042	0 045	0 048	0 052	0 055	0 058
0 30	0 051	0 055	0 058	0 062	0 066	0 070
0 35	0 059	0 064	0 068	0 073	0 077	0 082
0 40	0 068	0 073	0 078	0 083	0 088	0 094
0 45	0 076	0 082	0 088	0 093	0 10	0 11
0 50	0 084	0 091	0 097	0 10	0 11	0 12
0 55	0 092	0 10	0 11	0 11	0 12	0 13
0 60	0 10	0 11	0 12	0 12	0 13	0 14
0 65	0 11	0 12	0 13	0 13	0 14	0 15
0 70	0 12	0 13	0 14	0 15	0 15	0 16
0 75	0 13	0 14	0 15	0 16	0 17	0 18
0 80	0 13	0 15	0 16	0 17	0 18	0 19
0 85	0 14	0 15	0 17	0 18	0 19	0 20
0 90	0 15	0 16	0 17	0 19	0 20	0 21
0 95	0 16	0 17	0 18	0 20	0 21	0 22
1 »	0 17	0 18	0 19	0 21	0 22	0 23
2 »	0 34	0 36	0 39	0 42	0 44	0 47
3 »	0 51	0 55	0 58	0 62	0 66	0 70
4 »	0 68	0 73	0 78	0 83	0 88	0 94
5 »	0 84	0 91	0 97	1 04	1 10	1 17
6 »	1 01	1 09	1 17	1 25	1 33	1 40
7 »	1 18	1 27	1 36	1 46	1 55	1 64
8 »	1 35	1 46	1 56	1 66	1 77	1 87
9 »	1 52	1 64	1 75	1 87	1 99	2 11
10 »	1 69	1 82	1 95	2 08	2 21	2 34
11 »	1 86	2 »	2 14	2 29	2 43	2 57
12 »	2 03	2 18	2 34	2 50	2 65	2 81

LONGUEURS		19	20	21	22	23	24
0	05	0 012	0 013	0 014	0 014	0 015	0 016
0	10	0 025	0 026	0 027	0 029	0 030	0 031
0	15	0 037	0 039	0 041	0 043	0 045	0 047
0	20	0 049	0 052	0 055	0 057	0 060	0 062
0	25	0 062	0 065	0 068	0 071	0 075	0 078
0	30	0 074	0 078	0 082	0 086	0 090	0 094
0	35	0 086	0 091	0 095	0 10	0 10	0 11
0	40	0 099	0 10	0 11	0 11	0 12	0 12
0	45	0 11	0 12	0 12	0 13	0 13	0 14
0	50	0 12	0 13	0 14	0 14	0 15	0 16
0	55	0 14	0 14	0 15	0 16	0 16	0 17
0	60	0 15	0 16	0 16	0 17	0 18	0 19
0	65	0 16	0 17	0 18	0 19	0 19	0 20
0	70	0 17	0 18	0 19	0 20	0 21	0 22
0	75	0 18	0 19	0 20	0 21	0 22	0 23
0	80	0 20	0 21	0 22	0 23	0 24	0 25
0	85	0 21	0 22	0 23	0 24	0 25	0 26
0	90	0 22	0 23	0 25	0 26	0 27	0 28
0	95	0 23	0 25	0 26	0 27	0 28	0 30
1	»	0 25	0 26	0 27	0 29	0 30	0 31
2	»	0 49	0 52	0 55	0 57	0 60	0 62
3	»	0 74	0 78	0 82	0 86	0 90	0 94
4	»	0 99	1 04	1 09	1 14	1 20	1 25
5	»	1 23	1 30	1 36	1 43	1 49	1 56
6	»	1 48	1 56	1 64	1 72	1 79	1 87
7	»	1 73	1 82	1 91	2 »	2 09	2 18
8	»	1 98	2 08	2 18	2 29	2 39	2 50
9	»	2 22	2 34	2 46	2 57	2 69	2 81
10	»	2 47	2 60	3 73	2 86	2 99	3 12
11	»	2 72	2 86	3 »	3 15	3 29	3 43
12	»	2 96	3 12	3 28	3 43	3 59	3 74

LONGUEURS.	14	15	16	17	18	19
0 05	0 010	0 010	0 011	0 012	0 013	0 013
0 10	0 020	0 021	0 022	0 024	0 025	0 027
0 15	0 029	0 031	0 034	0 036	0 038	0 040
0 20	0 039	0 042	0 045	0 047	0 050	0 053
0 25	0 049	0 052	0 056	0 059	0 063	0 066
0 30	0 059	0 063	0 067	0 071	0 076	0 080
0 35	0 068	0 073	0 078	0 083	0 088	0 093
0 40	0 078	0 084	0 090	0 095	0 10	0 11
0 45	0 088	0 094	0 10	0 11	0 11	0 12
0 50	0 098	0 10	0 11	0 12	0 13	0 13
0 55	0 11	0 12	0 12	0 13	0 14	0 15
0 60	0 12	0 13	0 13	0 14	0 15	0 16
0 65	0 13	0 14	0 14	0 15	0 16	0 17
0 70	0 14	0 15	0 16	0 17	0 18	0 19
0 75	0 15	0 16	0 17	0 18	0 19	0 20
0 80	0 16	0 17	0 18	0 19	0 20	0 21
0 85	0 17	0 18	0 19	0 20	0 21	0 23
0 90	0 18	0 19	0 20	0 21	0 23	0 24
0 95	0 19	0 20	0 21	0 23	0 24	0 25
1 »	0 20	0 21	0 22	0 24	0 25	0 27
2 »	0 39	0 42	0 45	0 48	0 50	0 53
3 »	0 59	0 63	0 67	0 71	0 76	0 80
4 »	0 78	0 84	0 90	0 95	1 01	1 06
5 »	0 98	1 05	1 12	1 19	1 26	1 33
6 »	1 18	1 26	1 34	1 43	1 51	1 60
7 »	1 37	1 47	1 57	1 67	1 76	1 86
8 »	1 57	1 68	1 79	1 90	2 02	2 13
9 »	1 76	1 89	2 02	2 14	2 27	2 59
10 »	1 96	2 10	2 24	2 38	2 52	2 66
11 »	2 16	2 31	2 46	2 62	2 77	2 93
12 »	2 35	2 52	2 69	2 86	3 02	3 19

LONGUEURS		20	21	22	23	24	25
0	05	0 014	0 015	0 015	0 016	0 017	0 017
0	10	0 028	0 029	0 031	0 032	0 034	0 035
0	15	0 042	0 044	0 046	0 048	0 050	0 052
0	20	0 056	0 059	0 062	0 064	0 067	0 070
0	25	0 070	0 073	0 077	0 080	0 084	0 087
0	30	0 084	0 088	0 092	0 097	0 10	0 10
0	35	0 098	0 10	0 11	0 11	0 12	0 12
0	40	0 11	0 12	0 12	0 13	0 13	0 14
0	45	0 13	0 13	0 14	0 14	0 15	0 16
0	50	0 14	0 15	0 15	0 16	0 17	0 17
0	55	0 15	0 16	0 17	0 18	0 18	0 19
0	60	0 17	0 18	0 18	0 19	0 20	0 21
0	65	0 18	0 19	0 20	0 21	0 22	0 23
0	70	0 20	0 21	0 22	0 22	0 23	0 24
0	75	0 21	0 22	0 23	0 24	0 25	0 26
0	80	0 22	0 23	0 25	0 26	0 27	0 28
0	85	0 24	0 25	0 26	0 27	0 29	0 30
0	90	0 25	0 26	0 28	0 29	0 30	0 31
0	95	0 27	0 28	0 29	0 31	0 32	0 33
1	»	0 28	0 29	0 31	0 32	0 34	0 35
2	»	0 56	0 59	0 62	0 64	0 67	0 70
3	»	0 84	0 88	0 92	0 97	1 01	1 05
4	»	1 12	1 18	1 23	1 29	1 34	1 40
5	»	1 40	1 47	1 54	1 61	1 68	1 75
6	»	1 68	1 76	1 85	1 93	2 02	2 10
7	»	1 96	2 06	2 16	2 25	2 35	2 45
8	»	2 24	2 35	2 46	2 58	2 69	2 80
9	»	2 52	2 65	2 77	2 90	3 02	3 15
10	»	2 80	2 94	3 08	3 22	3 36	3 50
11	»	3 08	3 23	3 39	3 54	3 70	3 85
12	»	3 36	3 53	3 70	3 86	4 03	4 20

De 15 centimètres à

LONGUEURS.	15	16	17	18	19	20
0 05	0 011	0 012	0 013	0 013	0 014	0 015
0 10	0 022	0 024	0 025	0 027	0 028	0 030
0 15	0 034	0 036	0 038	0 040	0 043	0 045
0 20	0 045	0 048	0 051	0 054	0 057	0 060
0 25	0 056	0 060	0 063	0 067	0 071	0 075
0 30	0 067	0 072	0 076	0 081	0 085	0 090
0 35	0 079	0 084	0 089	0 094	0 098	0 10
0 40	0 090	0 096	0 10	0 11	0 11	0 12
0 45	0 10	0 11	0 11	0 12	0 13	0 13
0 50	0 11	0 12	0 13	0 13	0 14	0 15
0 55	0 12	0 13	0 14	0 15	0 16	0 16
0 60	0 13	0 14	0 15	0 16	0 17	0 18
0 65	0 15	0 16	0 17	0 18	0 19	0 19
0 70	0 16	0 17	0 18	0 19	0 20	0 21
0 75	0 17	0 18	0 19	0 20	0 21	0 22
0 80	0 18	0 19	0 20	0 22	0 23	0 24
0 85	0 19	0 20	0 22	0 23	0 24	0 25
0 90	0 20	0 22	0 23	0 24	0 26	0 27
0 95	0 21	0 23	0 24	0 26	0 27	0 28
1 »	0 22	0 24	0 25	0 27	0 28	0 30
2 »	0 45	0 48	0 51	0 54	0 57	0 60
3 »	0 67	0 72	0 76	0 81	0 85	0 90
4 »	0 90	0 96	1 02	1 08	1 14	1 20
5 »	1 12	1 20	1 27	1 35	1 42	1 50
6 »	1 35	1 44	1 53	1 62	1 71	1 80
7 »	1 57	1 68	1 78	1 89	1 99	2 10
8 »	1 80	1 92	2 04	2 16	2 28	2 40
9 »	2 02	2 16	2 29	2 43	2 56	2 70
10 »	2 25	2 40	2 53	2 70	2 85	3 »
11 »	2 47	2 64	2 80	2 97	3 13	3 30
12 »	2 70	2 88	3 06	3 24	3 42	3 60

LONGUEURS.	21	22	23	24	25	26
0 05	0 016	0 016	0 017	0 018	0 019	0 019
0 10	0 031	0 033	0 034	0 036	0 037	0 039
0 15	0 047	0 049	0 052	0 054	0 056	0 058
0 20	0 063	0 066	0 069	0 072	0 075	0 078
0 25	0 079	0 082	0 086	0 090	0 093	0 097
0 30	0 094	0 099	0 10	0 11	0 11	0 12
0 35	0 11	0 12	0 12	0 13	0 13	0 14
0 40	0 13	0 13	0 14	0 14	0 15	0 16
0 45	0 14	0 15	0 15	0 16	0 17	0 18
0 50	0 16	0 16	0 17	0 18	0 19	0 19
0 55	0 17	0 18	0 19	0 20	0 21	0 21
0 60	0 19	0 20	0 21	0 22	0 22	0 23
0 65	0 20	0 21	0 22	0 23	0 24	0 25
0 70	0 22	0 23	0 24	0 25	0 26	0 27
0 75	0 24	0 25	0 26	0 27	0 28	0 29
0 80	0 25	0 26	0 28	0 29	0 30	0 31
0 85	0 27	0 28	0 29	0 31	0 32	0 33
0 90	0 28	0 30	0 31	0 32	0 34	0 35
0 95	0 30	0 31	0 32	0 34	0 36	0 37
1 »	0 31	0 33	0 34	0 36	0 37	0 39
2 »	0 63	0 66	0 69	0 72	0 75	0 78
3 »	0 94	0 99	1 03	1 08	1 12	1 17
4 »	1 26	1 32	1 38	1 44	1 50	1 56
5 »	1 57	1 65	1 72	1 80	1 87	1 95
6 »	1 89	1 98	2 07	2 16	2 25	2 34
7 »	2 20	2 31	2 41	2 52	2 62	2 73
8 »	2 52	2 64	2 76	2 88	3 »	3 12
9 »	2 83	2 97	3 10	3 24	3 37	3 51
10 »	3 15	3 30	3 45	3 60	3 75	3 90
11 »	3 46	3 63	3 79	3 96	4 12	4 29
12 »	3 78	3 96	4 14	4 32	4 50	4 68

LONGUEURS		16	17	18	19	20	21
0	05	0 015	0 014	0 014	0 015	0 016	0 017
0	10	0 026	0 027	0 029	0 030	0 032	0 034
0	15	0 038	0 041	0 045	0 045	0 048	0 050
0	20	0 051	0 054	0 058	0 061	0 064	0 067
0	25	0 064	0 068	0 072	0 076	0 080	0 084
0	30	0 077	0 082	0 086	0 091	0 096	0 10
0	35	0 089	0 095	0 10	0 11	0 11	0 12
0	40	0 10	0 11	0 11	0 12	0 13	0 13
0	45	0 11	0 12	0 13	0 14	0 14	0 15
0	50	0 13	0 13	0 14	0 15	0 16	0 17
0	55	0 14	0 15	0 16	0 17	0 18	0 18
0	60	0 15	0 16	0 17	0 18	0 19	0 20
0	65	0 16	0 18	0 19	0 20	0 21	0 22
0	70	0 18	0 19	0 20	0 21	0 22	0 23
0	75	0 19	0 20	0 22	0 23	0 24	0 25
0	80	0 20	0 22	0 23	0 24	0 26	0 27
0	85	0 22	0 23	0 24	0 26	0 27	0 29
0	90	0 25	0 24	0 26	0 27	0 29	0 30
0	95	0 24	0 26	0 27	0 29	0 30	0 32
1	»	0 26	0 27	0 29	0 30	0 32	0 34
2	»	0 51	0 54	0 58	0 61	0 64	0 67
3	»	0 77	0 82	0 86	0 91	0 96	1 01
4	»	1 02	1 09	1 15	1 22	1 28	1 34
5	»	1 28	1 36	1 44	1 52	1 60	1 68
6	»	1 54	1 63	1 73	1 82	1 92	2 02
7	»	1 79	1 90	2 02	2 13	2 24	2 35
8	»	2 05	2 18	2 30	2 43	2 56	2 69
9	»	2 30	2 45	2 59	2 74	2 88	3 02
10	»	2 56	2 72	2 88	3 04	3 20	3 36
11	»	2 82	2 99	3 17	3 34	3 52	3 70
12	»	3 07	3 26	3 46	3 65	3 84	4 03

LONGUEURS		22	23	24	25	26	27
0	05	0 018	0 018	0 019	0 020	0 021	0 022
0	10	0 035	0 037	0 038	0 040	0 042	0 043
0	15	0 053	0 055	0 057	0 060	0 062	0 065
0	20	0 070	0 074	0 077	0 080	0 083	0 086
0	25	0 088	0 092	0 096	0 10	0 10	0 11
0	30	0 11	0 11	0 11	0 12	0 12	0 13
0	35	0 12	0 13	0 13	0 14	0 15	0 15
0	40	0 14	0 15	0 15	0 16	0 17	0 17
0	45	0 16	0 17	0 17	0 18	0 19	0 19
0	50	0 18	0 18	0 19	0 20	0 21	0 22
0	55	0 19	0 20	0 21	0 22	0 23	0 24
0	60	0 21	0 22	0 23	0 24	0 25	0 26
0	65	0 23	0 24	0 25	0 26	0 27	0 28
0	70	0 25	0 26	0 27	0 28	0 29	0 30
0	75	0 26	0 28	0 29	0 30	0 31	0 32
0	80	0 28	0 29	0 31	0 32	0 33	0 35
0	85	0 30	0 31	0 33	0 34	0 35	0 37
0	90	0 32	0 33	0 35	0 36	0 37	0 39
0	95	0 33	0 35	0 36	0 38	0 39	0 41
1	»	0 35	0 37	0 38	0 40	0 42	0 43
2	»	0 70	0 74	0 77	0 80	0 83	0 86
3	»	1 06	1 10	1 15	1 20	1 25	1 30
4	»	1 41	1 47	1 54	1 60	1 66	1 73
5	»	1 76	1 84	1 92	2 »	2 08	2 16
6	»	2 11	2 21	2 30	2 40	2 50	2 59
7	»	2 46	2 58	2 69	2 80	2 91	3 02
8	»	2 82	2 94	3 07	3 20	3 33	3 46
9	»	3 17	3 31	3 46	3 60	3 74	3 89
10	»	3 52	3 68	3 84	4 »	4 16	4 32
11	»	3 87	4 05	4 22	4 40	4 58	4 75
12	»	4 22	4 42	4 61	4 80	4 99	5 18

LONGUEURS		17	18	19	20	21	22
0	05	0 014	0 015	0 016	0 017	0 018	0 019
0	10	0 029	0 031	0 032	0 034	0 036	0 037
0	15	0 043	0 046	0 048	0 051	0 053	0 056
0	20	0 058	0 061	0 065	0 068	0 071	0 075
0	25	0 072	0 076	0 080	0 085	0 089	0 093
0	30	0 087	0 092	0 097	0 10	0 11	0 11
0	35	0 10	0 11	0 11	0 12	0 12	0 13
0	40	0 12	0 12	0 13	0 14	0 14	0 15
0	45	0 13	0 14	0 15	0 15	0 16	0 17
0	50	0 14	0 15	0 16	0 17	0 18	0 19
0	55	0 16	0 17	0 18	0 19	0 20	0 21
0	60	0 17	0 18	0 19	0 20	0 21	0 22
0	65	0 19	0 20	0 21	0 22	0 23	0 24
0	70	0 20	0 21	0 23	0 24	0 25	0 26
0	75	0 22	0 23	0 24	0 25	0 27	0 28
0	80	0 23	0 24	0 26	0 27	0 29	0 30
0	85	0 25	0 26	0 27	0 29	0 30	0 32
0	90	0 26	0 27	0 29	0 31	0 32	0 34
0	95	0 27	0 29	0 31	0 32	0 34	0 35
1	»	0 29	0 31	0 32	0 34	0 36	0 37
2	»	0 58	0 61	0 65	0 68	0 71	0 75
3	»	0 87	0 92	0 97	1 02	1 07	1 12
4	»	1 16	1 22	1 29	1 36	1 43	1 50
5	»	1 44	1 53	1 61	1 70	1 78	1 87
6	»	1 73	1 84	1 94	2 04	2 14	2 24
7	»	2 02	2 14	2 26	2 38	2 50	2 62
8	»	2 31	2 45	2 58	2 72	2 86	2 99
9	»	2 60	2 75	2 91	3 06	3 21	3 37
10	»	2 89	3 06	3 23	3 40	3 57	3 74
11	»	3 18	3 37	3 55	3 74	3 93	4 11
12	»	3 47	3 67	3 88	4 08	4 28	4 49

LONGUEURS.	23	24	25	26	27	28
0 05	0 020	0 020	0 021	0 022	0 023	0 024
0 10	0 039	0 041	0 042	0 044	0 046	0 048
0 15	0 059	0 061	0 064	0 066	0 069	0 071
0 20	0 078	0 082	0 085	0 088	0 092	0 095
0 25	0 098	0 10	0 11	0 11	0 11	0 12
0 30	0 12	0 12	0 13	0 13	0 14	0 14
0 35	0 14	0 14	0 15	0 15	0 16	0 17
0 40	0 16	0 16	0 17	0 18	0 18	0 19
0 45	0 18	0 18	0 19	0 20	0 21	0 21
0 50	0 20	0 20	0 21	0 22	0 23	0 24
0 55	0 21	0 22	0 23	0 24	0 25	0 26
0 60	0 23	0 24	0 25	0 26	0 27	0 29
0 65	0 25	0 27	0 28	0 29	0 30	0 31
0 70	0 27	0 29	0 30	0 31	0 32	0 33
0 75	0 29	0 31	0 32	0 33	0 35	0 36
0 80	0 31	0 33	0 34	0 35	0 37	0 38
0 85	0 33	0 35	0 36	0 38	0 39	0 40
0 90	0 35	0 37	0 38	0 40	0 41	0 43
0 95	0 37	0 39	0 40	0 42	0 44	0 45
1 »	0 39	0 41	0 42	0 44	0 46	0 48
2 »	0 78	0 82	0 85	0 88	0 92	0 95
3 »	1 17	1 22	1 27	1 33	1 38	1 43
4 »	1 56	1 63	1 70	1 77	1 84	1 90
5 »	1 95	2 04	2 12	2 21	2 29	2 38
6 »	2 35	2 45	2 55	2 65	2 75	2 86
7 »	2 74	2 86	2 97	3 09	3 21	3 33
8 »	3 13	3 26	3 40	3 54	3 67	3 81
9 »	3 52	3 67	3 82	3 98	4 13	4 28
10 »	3 91	4 08	4 25	4 42	4 59	4 76
11 »	4 30	4 49	4 67	4 86	5 05	5 24
12 »	4 69	4 90	5 10	5 30	5 51	5 71

De 18 centimètres à

LONGUEURS.	18	19	20	21	22	23
0 05	0 016	0 017	0 018	0 019	0 020	0 021
0 10	0 032	0 034	0 036	0 038	0 040	0 041
0 15	0 049	0 051	0 054	0 057	0 059	0 062
0 20	0 065	0 068	0 072	0 076	0 079	0 083
0 25	0 081	0 085	0 090	0 094	0 099	0 10
0 30	0 097	0 10	0 11	0 11	0 12	0 12
0 35	0 11	0 12	0 13	0 13	0 14	0 14
0 40	0 13	0 14	0 14	0 15	0 16	0 17
0 45	0 15	0 15	0 16	0 17	0 18	0 19
0 50	0 16	0 17	0 18	0 19	0 20	0 21
0 55	0 18	0 19	0 20	0 21	0 22	0 23
0 60	0 19	0 21	0 22	0 23	0 24	0 25
0 65	0 21	0 22	0 23	0 25	0 26	0 27
0 70	0 23	0 24	0 25	0 26	0 28	0 29
0 75	0 24	0 26	0 27	0 28	0 30	0 31
0 80	0 26	0 27	0 29	0 30	0 32	0 33
0 85	0 28	0 29	0 31	0 32	0 34	0 35
0 90	0 29	0 31	0 32	0 34	0 36	0 37
0 95	0 31	0 32	0 34	0 36	0 38	0 39
1 »	0 32	0 34	0 36	0 38	0 40	0 41
2 »	0 65	0 68	0 72	0 76	0 79	0 83
3 »	0 97	1 03	1 08	1 13	1 19	1 24
4 »	1 30	1 37	1 44	1 51	1 58	1 66
5 »	1 62	1 71	1 80	1 89	1 98	2 07
6 »	1 94	2 05	2 16	2 27	2 38	2 48
7 »	2 27	2 39	2 52	2 65	2 77	2 90
8 »	2 59	2 74	2 88	3 02	3 17	3 31
9 »	2 92	3 08	3 24	3 40	3 56	3 73
10 »	3 24	3 42	3 60	3 78	3 96	4 14
11 »	3 56	3 76	3 96	4 16	4 36	4 55
12 »	3 89	4 10	4 32	4 54	4 75	4 97

LONGUEURS.	24	25	26	27	28	29
0 05	0 022	0 022	0 023	0 024	0 025	0 026
0 10	0 043	0 045	0 047	0 049	0 050	0 052
0 15	0 065	0 067	0 070	0 073	0 076	0 078
0 20	0 086	0 090	0 094	0 097	0 10	0 10
0 25	0 11	0 11	0 12	0 12	0 13	0 13
0 30	0 13	0 13	0 14	0 15	0 15	0 16
0 35	0 15	0 16	0 16	0 17	0 18	0 18
0 40	0 17	0 18	0 19	0 19	0 20	0 21
0 45	0 19	0 20	0 21	0 22	0 23	0 23
0 50	0 22	0 22	0 23	0 24	0 25	0 26
0 55	0 24	0 25	0 26	0 27	0 28	0 29
0 60	0 26	0 27	0 28	0 29	0 30	0 31
0 65	0 28	0 29	0 30	0 32	0 33	0 34
0 70	0 30	0 31	0 33	0 34	0 35	0 37
0 75	0 32	0 34	0 35	0 36	0 38	0 39
0 80	0 35	0 36	0 37	0 39	0 40	0 42
0 85	0 37	0 38	0 40	0 41	0 43	0 44
0 90	0 39	0 40	0 42	0 44	0 45	0 47
0 95	0 41	0 43	0 44	0 46	0 48	0 50
1 »	0 43	0 45	0 47	0 49	0 50	0 52
2 »	0 86	0 90	0 94	0 97	1 01	1 04
3 »	1 30	1 35	1 40	1 46	1 51	1 57
4 »	1 73	1 80	1 87	1 94	2 02	2 09
5 »	2 16	2 25	2 34	2 43	2 52	2 61
6 »	2 59	2 70	2 81	2 92	3 02	3 13
7 »	3 02	3 15	3 28	3 40	3 53	3 65
8 »	3 46	3 60	3 74	3 89	4 03	4 18
9 »	3 89	4 05	4 21	4 37	4 54	4 70
10 »	4 32	4 50	4 68	4 86	[illegible] 4	5 22
11 »	4 75	4 95	[illegible]	5 35	5 54	5 74
12 »	5 18	[illegible]	[illegible] 52	5 83	6 05	6 26

LONGUEURS.	19	20	21	22	23	24
0 05	0 018	0 019	0 020	0 021	0 022	0 023
0 10	0 036	0 038	0 040	0 042	0 044	0 046
0 15	0 054	0 057	0 060	0 063	0 066	0 068
0 20	0 072	0 076	0 080	0 084	0 087	0 091
0 25	0 090	0 095	0 10	0 10	0 11	0 11
0 30	0 11	0 11	0 12	0 12	0 13	0 14
0 35	0 13	0 15	0 14	0 15	0 15	0 16
0 40	0 14	0 15	0 16	0 17	0 17	0 18
0 45	0 16	0 17	0 18	0 19	0 20	0 21
0 50	0 18	0 19	0 20	0 21	0 22	0 23
0 55	0 20	0 21	0 22	0 23	0 24	0 25
0 60	0 22	0 23	0 24	0 25	0 26	0 27
0 65	0 23	0 25	0 26	0 27	0 28	0 30
0 70	0 25	0 27	0 28	0 29	0 31	0 32
0 75	0 27	0 28	0 30	0 31	0 33	0 34
0 80	0 29	0 30	0 32	0 33	0 35	0 36
0 85	0 31	0 32	0 34	0 36	0 37	0 39
0 90	0 33	0 34	0 36	0 38	0 39	0 41
0 95	0 34	0 36	0 38	0 40	0 42	0 43
1 »	0 36	0 38	0 40	0 42	0 44	0 46
2 »	0 72	0 76	0 80	0 84	0 87	0 91
3 »	1 08	1 14	1 20	1 25	1 31	1 37
4 »	1 44	1 52	1 60	1 67	1 75	1 82
5 »	1 80	1 90	1 99	2 09	2 18	2 28
6 »	2 17	2 28	2 39	2 51	2 62	2 74
7 »	2 53	2 66	2 79	2 93	3 06	3 19
8 »	2 89	3 04	3 19	3 34	3 50	3 65
9 »	3 25	3 42	3 59	3 76	3 93	4 11
10 »	[illegible]	3 80	3 99	4 18	4 37	4 56
11 »	3 97	4 18	[illegible]	4 60	4 81	5 02
12 »	4 33	4 56	[illegible]	5 02	5 24	5 47

LONGUEURS.	25	26	27	28	29	30
0 05	0 024	0 025	0 026	0 027	0 028	0 028
0 10	0 047	0 049	0 051	0 053	0 055	0 057
0 15	0 071	0 074	0 077	0 080	0 083	0 085
0 20	0 095	0 099	0 10	0 11	0 11	0 11
0 25	0 12	0 12	0 12	0 13	0 14	0 14
0 30	0 14	0 15	0 15	0 16	0 17	0 17
0 35	0 17	0 17	0 18	0 19	0 19	0 20
0 40	0 19	0 20	0 21	0 21	0 22	0 23
0 45	0 21	0 22	0 23	0 24	0 25	0 26
0 50	0 24	0 25	0 26	0 27	0 28	0 28
0 55	0 26	0 27	0 28	0 29	0 30	0 31
0 60	0 28	0 30	0 31	0 32	0 33	0 34
0 65	0 31	0 32	0 33	0 35	0 36	0 37
0 70	0 33	0 35	0 36	0 37	0 39	0 40
0 75	0 36	0 37	0 38	0 40	0 41	0 43
0 80	0 38	0 40	0 41	0 43	0 44	0 46
0 85	0 40	0 42	0 44	0 45	0 47	0 48
0 90	0 43	0 44	0 46	0 48	0 50	0 51
0 95	0 45	0 47	0 49	0 51	0 52	0 54
1 »	0 47	0 49	0 51	0 53	0 55	0 57
2 »	0 95	0 99	1 03	1 06	1 10	1 14
3 »	1 42	1 48	1 54	1 60	1 65	1 71
4 »	1 90	1 98	2 05	2 13	2 20	2 28
5 »	2 37	2 47	2 56	2 66	2 75	2 85
6 »	2 85	2 96	3 08	3 19	3 31	3 42
7 »	3 32	3 46	3 59	3 72	3 86	3 99
8 »	3 80	3 95	4 10	4 26	4 41	4 56
9 »	4 27	4 45	4 62	4 79	4 96	5 13
10 »	4 75	4 94	5 13	5 32	5 51	5 70
11 »	5 22	5 43	5 64	5 85	6 06	6 27
12 »	5 70	5 93	6 16	6 38	6 61	6 84

LONGUEURS	20	21	22	23	24	25
0 05	0 020	0 021	0 022	0 023	0 024	0 025
0 10	0 040	0 042	0 044	0 046	0 048	0 050
0 15	0 060	0 063	0 066	0 069	0 072	0 075
0 20	0 080	0 084	0 088	0 092	0 096	0 10
0 25	0 10	0 10	0 11	0 11	0 12	0 12
0 30	0 12	0 13	0 13	0 14	0 14	0 15
0 35	0 14	0 15	0 15	0 16	0 17	0 17
0 40	0 16	0 17	0 18	0 18	0 19	0 20
0 45	0 18	0 19	0 20	0 21	0 22	0 22
0 50	0 20	0 21	0 22	0 23	0 24	0 25
0 55	0 22	0 23	0 24	0 25	0 26	0 27
0 60	0 24	0 25	0 26	0 28	0 29	0 30
0 65	0 26	0 27	0 29	0 30	0 31	0 32
0 70	0 28	0 29	0 31	0 32	0 34	0 35
0 75	0 30	0 31	0 33	0 34	0 36	0 37
0 80	0 32	0 34	0 35	0 37	0 38	0 40
0 85	0 34	0 36	0 37	0 39	0 41	0 42
0 90	0 36	0 38	0 40	0 41	0 43	0 45
0 95	0 38	0 40	0 42	0 44	0 46	0 47
1 »	0 40	0 42	0 44	0 46	0 48	0 50
2 »	0 80	0 84	0 88	0 92	0 96	1 »
3 »	1 20	1 26	1 32	1 38	1 44	1 50
4 »	1 60	1 68	1 76	1 84	1 92	2 »
5 »	2 »	2 10	2 20	2 30	2 40	2 50
6 »	2 40	2 52	2 64	2 76	2 88	3 »
7 »	2 80	2 94	3 08	3 22	3 36	3 50
8 »	3 20	3 36	3 52	3 68	3 84	4 »
9 »	3 60	3 78	3 96	4 14	4 32	4 50
10 »	4 »	4 20	4 40	4 60	4 80	5 »
11 »	4 40	4 62	4 84	5 06	5 28	5 50
12 »	4 80	5 04	5 28	5 52	5 76	6 »

LONGUEURS.	26	27	28	29	30	31
0 05	0 026	0 027	0 028	0 029	0 030	0 031
0 10	0 052	0 054	0 056	0 058	0 060	0 062
0 15	0 078	0 081	0 084	0 087	0 090	0 093
0 20	0 10	0 11	0 11	0 12	0 12	0 12
0 25	0 13	0 13	0 14	0 14	0 15	0 15
0 30	0 16	0 16	0 17	0 17	0 18	0 19
0 35	0 18	0 19	0 20	0 20	0 21	0 22
0 40	0 21	0 22	0 22	0 23	0 24	0 25
0 45	0 23	0 24	0 25	0 26	0 27	0 28
0 50	0 26	0 27	0 28	0 29	0 30	0 31
0 55	0 29	0 30	0 31	0 32	0 33	0 34
0 60	0 31	0 32	0 34	0 35	0 36	0 37
0 65	0 34	0 35	0 36	0 38	0 39	0 40
0 70	0 36	0 38	0 39	0 41	0 42	0 43
0 75	0 39	0 40	0 42	0 43	0 45	0 46
0 80	0 42	0 43	0 45	0 46	0 48	0 50
0 85	0 44	0 46	0 48	0 49	0 51	0 53
0 90	0 47	0 49	0 50	0 52	0 54	0 56
0 95	0 49	0 51	0 53	0 55	0 57	0 59
1 »	0 52	0 54	0 56	0 58	0 60	0 62
2 »	1 04	1 08	1 12	1 16	1 20	1 24
3 »	1 56	1 62	1 68	1 74	1 80	1 86
4 »	2 08	2 16	2 24	2 32	2 40	2 48
5 »	2 60	2 70	2 80	2 90	3 »	3 10
6 »	3 12	3 24	3 36	3 48	3 60	3 72
7 »	3 64	3 78	3 92	4 06	4 20	4 34
8 »	4 16	4 32	4 48	4 64	4 80	4 96
9 »	4 68	4 86	5 04	5 22	5 40	5 58
10 »	5 20	5 40	5 60	5 80	6 »	6 20
11 »	5 72	5 94	6 16	6 38	6 60	6 82
12 »	6 24	6 48	6 72	6 96	7 20	7 44

LONGUEURS.	21	22	23	24	25	26
0 05	0 022	0 023	0 024	0 025	0 026	0 027
0 10	0 044	0 046	0 048	0 050	0 052	0 055
0 15	0 068	0 069	0 072	0 076	0 079	0 082
0 20	0 088	0 092	0 097	0 10	0 10	0 11
0 25	0 11	0 12	0 12	0 13	0 13	0 14
0 30	0 13	0 14	0 14	0 15	0 16	0 16
0 35	0 15	0 16	0 17	0 18	0 18	0 19
0 40	0 18	0 18	0 19	0 20	0 21	0 22
0 45	0 20	0 21	0 22	0 23	0 24	0 25
0 50	0 22	0 23	0 24	0 25	0 26	0 27
0 55	0 24	0 25	0 27	0 28	0 29	0 30
0 60	0 26	0 28	0 29	0 30	0 31	0 33
0 65	0 29	0 30	0 31	0 33	0 34	0 35
0 70	0 31	0 32	0 34	0 35	0 37	0 38
0 75	0 33	0 33	0 36	0 38	0 39	0 41
0 80	0 35	0 37	0 39	0 40	0 42	0 44
0 85	0 37	0 39	0 41	0 43	0 45	0 46
0 90	0 40	0 42	0 43	0 45	0 47	0 49
0 95	0 42	0 44	0 46	0 48	0 50	0 52
1 »	0 44	0 46	0 48	0 50	0 52	0 55
2 »	0 88	0 92	0 97	1 01	1 05	1 09
3 »	1 32	1 39	1 45	1 51	1 57	1 64
4 »	1 76	1 85	1 93	2 02	2 10	2 18
5 »	2 20	2 31	2 41	2 52	2 62	2 73
6 »	2 65	2 77	2 90	3 02	3 15	3 28
7 »	3 09	3 23	3 38	3 53	3 67	3 82
8 »	3 53	3 70	3 86	4 03	4 20	4 37
9 »	3 97	4 16	4 35	4 54	4 72	4 91
10 »	4 41	4 62	4 83	5 04	5 25	5 46
11 »	4 85	5 08	5 31	5 54	5 77	6 01
12 »	5 29	5 54	5 80	6 05	6 30	6 55

LONGUEURS		27	28	29	30	31	32
0	05	0 028	0 029	0 030	0 031	0 032	0 034
0	10	0 057	0 059	0 061	0 063	0 065	0 067
0	15	0 085	0 088	0 091	0 094	0 098	0 10
0	20	0 11	0 12	0 12	0 13	0 13	0 13
0	25	0 14	0 15	0 15	0 16	0 16	0 17
0	30	0 17	0 18	0 18	0 19	0 20	0 20
0	35	0 20	0 21	0 21	0 22	0 23	0 24
0	40	0 23	0 24	0 24	0 25	0 26	0 27
0	45	0 25	0 26	0 27	0 28	0 29	0 30
0	50	0 28	0 29	0 30	0 31	0 32	0 34
0	55	0 31	0 32	0 33	0 35	0 36	0 37
0	60	0 34	0 35	0 37	0 38	0 39	0 40
0	65	0 37	0 38	0 40	0 41	0 42	0 44
0	70	0 40	0 41	0 43	0 44	0 46	0 47
0	75	0 43	0 44	0 46	0 47	0 49	0 50
0	80	0 45	0 47	0 49	0 50	0 52	0 54
0	85	0 48	0 50	0 52	0 54	0 55	0 57
0	90	0 51	0 53	0 55	0 57	0 59	0 60
0	95	0 54	0 56	0 58	0 60	0 62	0 64
1	»	0 57	0 59	0 61	0 63	0 65	0 67
2	»	1 13	1 18	1 22	1 26	1 30	1 34
3	»	1 70	1 76	1 83	1 89	1 95	2 02
4	»	2 27	2 35	2 44	2 52	2 60	2 69
5	»	2 83	2 94	3 04	3 15	3 25	3 36
6	»	3 40	3 53	3 65	3 78	3 91	4 03
7	»	3 97	4 12	4 26	4 41	4 56	4 70
8	»	4 54	4 70	4 87	5 04	5 21	5 38
9	»	5 10	5 29	5 48	5 67	5 86	6 05
10	»	5 67	5 88	6 09	6 30	6 51	6 72
11	»	6 24	6 47	6 70	6 93	7 16	7 39
12	»	6 80	7 06	7 31	7 56	7 81	8 06

LONGUEURS.	22	23	24	25	26	27
0 05	0 024	0 025	0 026	0 027	0 029	0 030
0 10	0 048	0 051	0 053	0 055	0 057	0 059
0 15	0 073	0 076	0 079	0 082	0 086	0 089
0 20	0 097	0 10	0 10	0 11	0 11	0 12
0 25	0 12	0 13	0 13	0 14	0 14	0 15
0 30	0 15	0 15	0 16	0 16	0 17	0 18
0 35	0 17	0 18	0 18	0 19	0 20	0 21
0 40	0 19	0 20	0 21	0 22	0 23	0 24
0 45	0 22	0 23	0 24	0 25	0 26	0 27
0 50	0 24	0 25	0 26	0 27	0 29	0 30
0 55	0 27	0 28	0 29	0 30	0 31	0 33
0 60	0 29	0 30	0 32	0 33	0 34	0 36
0 65	0 31	0 33	0 34	0 36	0 37	0 39
0 70	0 34	0 35	0 37	0 38	0 40	0 42
0 75	0 36	0 38	0 40	0 41	0 43	0 45
0 80	0 39	0 40	0 42	0 44	0 46	0 48
0 85	0 41	0 43	0 45	0 47	0 49	0 50
0 90	0 44	0 46	0 48	0 49	0 51	0 53
0 95	0 46	0 48	0 50	0 52	0 54	0 56
1 »	0 48	0 51	0 53	0 55	0 57	0 59
2 »	0 97	1 01	1 06	1 10	1 14	1 19
3 »	1 45	1 52	1 58	1 65	1 72	1 78
4 »	1 94	2 02	2 11	2 20	2 29	2 38
5 »	2 42	2 53	2 64	2 75	2 86	2 97
6 »	2 90	3 04	3 17	3 30	3 43	3 56
7 »	3 39	3 54	3 70	3 85	4 »	4 16
8 »	3 87	4 05	4 22	4 40	4 58	4 75
9 »	4 36	4 55	4 75	5 95	5 15	5 35
10 »	4 84	5 06	5 28	5 50	5 72	5 94
11 »	5 32	5 57	5 81	6 05	6 29	6 53
12 »	5 81	6 07	6 34	6 60	6 86	7 13

LONGUEURS		28	29	30	31	32	33
0	05	0 031	0 032	0 033	0 034	0 035	0 036
0	10	0 062	0 064	0 066	0 068	0 070	0 073
0	15	0 092	0 096	0 099	0 10	0 11	0 11
0	20	0 12	0 13	0 13	0 14	0 14	0 14
0	25	0 15	0 16	0 16	0 17	0 18	0 18
0	30	0 18	0 19	0 20	0 20	0 21	0 22
0	35	0 22	0 22	0 23	0 24	0 25	0 25
0	40	0 25	0 26	0 26	0 27	0 28	0 29
0	45	0 28	0 29	0 30	0 31	0 32	0 33
0	50	0 31	0 32	0 33	0 34	0 35	0 36
0	55	0 34	0 35	0 36	0 37	0 39	0 40
0	60	0 37	0 38	0 40	0 41	0 42	0 44
0	65	0 40	0 41	0 43	0 44	0 46	0 47
0	70	0 43	0 45	0 46	0 48	0 49	0 51
0	75	0 46	0 48	0 49	0 51	0 53	0 54
0	80	0 49	0 51	0 53	0 55	0 56	0 58
0	85	0 52	0 54	0 56	0 58	0 60	0 62
0	90	0 55	0 57	0 59	0 61	0 63	0 65
0	95	0 59	0 61	0 63	0 65	0 67	0 69
1	»	0 62	0 64	0 66	0 68	0 70	0 73
2	»	1 23	1 28	1 32	1 36	1 41	1 45
3	»	1 85	1 91	1 98	2 05	2 11	2 18
4	»	2 46	2 55	2 64	2 73	2 82	2 90
5	»	3 08	3 19	3 30	3 41	3 52	3 63
6	»	3 70	3 83	3 96	4 09	4 22	4 36
7	»	4 31	4 47	4 62	4 77	4 93	5 08
8	»	4 93	5 10	5 28	5 46	5 63	5 81
9	»	5 54	5 74	5 94	6 14	6 34	6 53
10	»	6 16	6 38	6 60	6 82	7 04	7 26
11	»	6 78	7 02	7 26	7 50	7 74	7 99
12	»	7 39	7 66	7 92	8 18	8 45	8 71

LONGUEURS.	23	24	25	26	27	28
0 05	0 026	0 028	0 029	0 030	0 031	0 032
0 10	0 053	0 055	0 057	0 060	0 062	0 064
0 15	0 079	0 083	0 086	0 089	0 093	0 097
0 20	0 11	0 11	0 11	0 12	0 12	0 13
0 25	0 13	0 14	0 14	0 15	0 16	0 16
0 30	0 16	0 17	0 17	0 18	0 19	0 19
0 35	0 19	0 19	0 20	0 21	0 22	0 23
0 40	0 21	0 22	0 23	0 24	0 25	0 26
0 45	0 24	0 25	0 26	0 27	0 28	0 29
0 50	0 26	0 28	0 29	0 30	0 31	0 32
0 55	0 29	0 30	0 32	0 33	0 34	0 35
0 60	0 32	0 33	0 34	0 36	0 37	0 39
0 65	0 34	0 36	0 37	0 39	0 40	0 42
0 70	0 37	0 39	0 40	0 42	0 43	0 45
0 75	0 40	0 41	0 43	0 45	0 47	0 48
0 80	0 42	0 44	0 46	0 48	0 50	0 52
0 85	0 45	0 47	0 49	0 51	0 53	0 55
0 90	0 48	0 50	0 52	0 54	0 56	0 58
0 95	0 50	0 52	0 53	0 57	0 59	0 61
1 »	0 53	0 55	0 57	0 60	0 62	0 64
2 »	1 06	1 10	1 15	1 20	1 24	1 29
3 »	1 59	1 66	1 72	1 79	1 86	1 93
4 »	2 12	2 21	2 30	2 39	2 48	2 58
5 »	2 64	2 76	2 87	2 99	3 10	3 22
6 »	3 17	3 31	3 45	3 59	3 73	3 86
7 »	3 70	3 86	4 02	4 19	4 35	4 51
8 »	4 23	4 42	4 60	4 78	4 97	5 15
9 »	4 76	4 97	5 18	5 38	5 59	5 80
10 »	5 29	5 52	5 75	5 98	6 21	6 44
11 »	5 82	6 07	6 32	6 58	6 83	7 08
12 »	6 35	6 62	6 90	7 18	7 45	7 73

LONGUEURS.	29	30	31	32	33	34
0 05	0 033	0 034	0 036	0 037	0 038	0 039
0 10	0 067	0 069	0 071	0 074	0 076	0 078
0 15	0 10	0 10	0 11	0 11	0 11	0 12
0 20	0 13	0 14	0 14	0 15	0 15	0 16
0 25	0 17	0 17	0 18	0 18	0 19	0 20
0 30	0 20	0 21	0 21	0 22	0 23	0 23
0 35	0 23	0 24	0 25	0 26	0 27	0 27
0 40	0 27	0 28	0 29	0 29	0 30	0 31
0 45	0 30	0 31	0 32	0 33	0 34	0 35
0 50	0 33	0 34	0 36	0 37	0 38	0 39
0 55	0 37	0 38	0 39	0 40	0 42	0 43
0 60	0 40	0 41	0 43	0 44	0 46	0 47
0 65	0 43	0 45	0 46	0 48	0 49	0 51
0 70	0 47	0 48	0 50	0 52	0 53	0 55
0 75	0 50	0 52	0 53	0 55	0 57	0 59
0 80	0 53	0 55	0 57	0 59	0 61	0 63
0 85	0 57	0 59	0 61	0 63	0 64	0 66
0 90	0 60	0 62	0 64	0 66	0 68	0 70
0 95	0 63	0 66	0 68	0 70	0 72	0 74
1 »	0 67	0 69	0 71	0 74	0 76	0 78
2 »	1 33	1 38	1 43	1 47	1 52	1 56
3 »	2 »	2 07	2 14	2 21	2 28	2 35
4 »	2 67	2 76	2 85	2 94	3 04	3 13
5 »	3 33	3 45	3 56	3 68	3 79	3 91
6 »	4 »	4 14	4 28	4 42	4 55	4 69
7 »	4 67	4 83	4 99	5 15	5 31	5 47
8 »	5 34	5 52	5 70	5 89	6 07	6 26
9 »	6 »	6 21	6 42	6 62	6 83	7 04
10 »	6 67	6 90	7 13	7 36	7 59	7 82
11 »	7 34	7 59	7 84	8 10	8 35	8 60
12 »	8 »	8 28	8 56	8 83	9 11	9 38

De 24 centimètres à

LONGUEURS		24	25	26	27	28	39
0	05	0 029	0 030	0 031	0 052	0 034	0 055
0	10	0 058	0 060	0 062	0 065	0 067	0 070
0	15	0 086	0 090	0 094	0 097	0 10	0 10
0	20	0 12	0 12	0 12	0 13	0 13	0 14
0	25	0 14	0 15	0 16	0 16	0 17	0 17
0	30	0 17	0 18	0 19	0 19	0 20	0 21
0	35	0 20	0 21	0 22	0 23	0 24	0 24
0	40	0 23	0 24	0 25	0 26	0 27	0 28
0	45	0 26	0 27	0 28	0 29	0 30	0 31
0	50	0 29	0 30	0 31	0 32	0 34	0 35
0	55	0 32	0 33	0 34	0 36	0 37	0 38
0	60	0 35	0 36	0 37	0 39	0 40	0 42
0	65	0 37	0 39	0 41	0 42	0 44	0 45
0	70	0 40	0 42	0 44	0 45	0 47	0 49
0	75	0 43	0 45	0 47	0 49	0 50	0 52
0	80	0 46	0 48	0 50	0 52	0 54	0 56
0	85	0 49	0 51	0 53	0 55	0 57	0 59
0	90	0 52	0 54	0 56	0 58	0 60	0 63
0	95	0 55	0 57	0 59	0 62	0 64	0 66
1	»	0 58	0 60	0 62	0 65	0 67	0 70
2	»	1 15	1 20	1 25	1 30	1 34	1 39
3	»	1 73	1 80	1 87	1 94	2 02	2 09
4	»	2 30	2 40	2 50	2 59	2 69	2 78
5	»	2 88	3 »	3 12	3 24	3 36	3 48
6	»	3 46	3 60	3 74	3 89	4 03	4 18
7	»	4 03	4 20	4 37	4 54	4 70	4 87
8	»	4 61	4 80	4 99	5 18	5 38	5 57
9	»	5 18	5 40	5 62	5 83	6 05	6 26
10	»	5 76	6 »	6 24	6 48	6 72	6 96
11	»	6 34	6 60	6 86	7 13	7 39	7 66
12	»	6 91	7 20	7 49	7 78	8 06	8 35

LONGUEURS.	30	31	32	33	34	35
0 05	0 036	0 037	0 038	0 040	0 041	0 04
0 10	0 072	0 074	0 077	0 079	0 082	0 08
0 15	0 11	0 11	0 12	0 12	0 12	0 13
0 20	0 14	0 15	0 15	0 16	0 16	0 17
0 25	0 18	0 19	0 19	0 20	0 20	0 21
0 30	0 22	0 22	0 23	0 24	0 24	0 25
0 35	0 25	0 26	0 27	0 28	0 29	0 29
0 40	0 29	0 30	0 31	0 32	0 33	0 34
0 45	0 32	0 33	0 35	0 36	0 37	0 38
0 50	0 36	0 37	0 38	0 40	0 41	0 42
0 55	0 40	0 41	0 42	0 44	0 45	0 46
0 60	0 43	0 45	0 46	0 48	0 49	0 50
0 65	0 47	0 48	0 50	0 51	0 53	0 55
0 70	0 50	0 52	0 54	0 55	0 57	0 59
0 75	0 54	0 56	0 58	0 59	0 61	0 63
0 80	0 58	0 60	0 61	0 63	0 65	0 67
0 85	0 61	0 63	0 65	0 67	0 69	0 71
0 90	0 65	0 67	0 69	0 71	0 73	0 76
0 95	0 68	0 71	0 73	0 75	0 77	0 80
1 »	0 72	0 74	0 77	0 79	0 82	0 84
2 »	1 44	1 49	1 54	1 58	1 63	1 68
3 »	2 16	2 23	2 30	2 38	2 45	2 52
4 »	2 88	2 98	3 07	3 17	3 26	3 36
5 »	3 60	3 72	3 84	3 96	4 08	4 20
6 »	4 32	4 46	4 61	4 75	4 90	5 04
7 »	5 04	5 21	5 38	5 54	5 71	5 88
8 »	5 76	5 95	6 14	6 34	6 53	6 72
9 »	6 48	6 70	6 91	7 13	7 34	7 56
10 »	7 20	7 44	7 68	7 92	8 16	8 40
11 »	7 92	8 18	8 45	8 71	8 98	9 24
12 »	8 64	8 93	9 22	9 50	9 79	10 08

De 25 centimètres à

LONGUEURS.	25	26	27	28	29	30
0 05	0 031	0 032	0 034	0 035	0 036	0 037
0 10	0 062	0 065	0 067	0 070	0 072	0 075
0 15	0 094	0 097	0 10	0 10	0 11	0 11
0 20	0 12	0 13	0 13	0 14	0 14	0 15
0 25	0 16	0 16	0 17	0 17	0 18	0 19
0 30	0 19	0 19	0 20	0 21	0 22	0 22
0 35	0 22	0 23	0 24	0 24	0 25	0 26
0 40	0 25	0 26	0 27	0 28	0 29	0 30
0 45	0 28	0 29	0 30	0 31	0 33	0 34
0 50	0 31	0 32	0 34	0 35	0 36	0 37
0 55	0 34	0 36	0 37	0 38	0 40	0 41
0 60	0 37	0 39	0 40	0 42	0 43	0 45
0 65	0 41	0 42	0 44	0 45	0 47	0 49
0 70	0 44	0 45	0 47	0 49	0 51	0 52
0 75	0 47	0 49	0 51	0 52	0 54	0 56
0 80	0 50	0 52	0 54	0 56	0 58	0 60
0 85	0 53	0 55	0 57	0 59	0 62	0 64
0 90	0 56	0 58	0 61	0 63	0 65	0 67
0 95	0 59	0 62	0 64	0 66	0 69	0 71
1 »	0 62	0 65	0 67	0 70	0 72	0 75
2 »	1 25	1 30	1 35	1 40	1 45	1 50
3 »	1 87	1 95	2 02	2 10	2 17	2 25
4 »	2 50	2 60	2 70	2 80	2 90	3 »
5 »	3 12	3 25	3 37	3 50	3 62	3 75
6 »	3 75	3 90	4 05	4 20	4 35	4 50
7 »	4 37	4 55	4 72	4 90	5 07	5 25
8 »	5 »	5 20	5 40	5 60	5 80	6 »
9 »	5 62	5 85	6 07	6 30	6 52	6 75
10 »	6 25	6 50	6 75	7 »	7 25	7 50
11 »	6 87	7 15	7 42	7 70	7 97	8 25
12 »	7 50	7 80	8 10	8 40	8 70	9 »

LONGUEURS.	31	32	33	34	35	36
0 05	0 04	0 04	0 04	0 04	0 04	0 04
0 10	0 08	0 08	0 08	0 08	0 09	0 09
0 15	0 12	0 12	0 12	0 13	0 13	0 13
0 20	0 15	0 16	0 16	0 17	0 17	0 18
0 25	0 19	0 20	0 21	0 21	0 22	0 22
0 30	0 23	0 24	0 25	0 25	0 26	0 27
0 35	0 27	0 28	0 29	0 30	0 31	0 31
0 40	0 31	0 32	0 33	0 34	0 35	0 36
0 45	0 35	0 36	0 37	0 38	0 39	0 40
0 50	0 39	0 40	0 41	0 42	0 44	0 45
0 55	0 43	0 44	0 45	0 47	0 48	0 49
0 60	0 46	0 48	0 49	0 51	0 52	0 54
0 65	0 50	0 52	0 54	0 55	0 57	0 58
0 70	0 54	0 56	0 58	0 59	0 61	0 63
0 75	0 58	0 60	0 62	0 64	0 66	0 67
0 80	0 62	0 64	0 66	0 68	0 70	0 72
0 85	0 66	0 68	0 70	0 72	0 74	0 76
0 90	0 70	0 72	0 74	0 76	0 79	0 81
0 95	0 74	0 76	0 78	0 81	0 83	0 85
1 »	0 77	0 80	0 82	0 85	0 87	0 90
2 »	1 55	1 60	1 65	1 70	1 75	1 80
3 »	2 32	2 40	2 47	2 55	2 62	2 70
4 »	3 10	3 20	3 30	3 40	3 50	3 60
5 »	3 87	4 »	4 12	4 25	4 37	4 50
6 »	4 65	4 80	4 95	5 10	5 25	5 40
7 »	5 42	5 60	5 77	5 95	6 12	6 30
8 »	6 20	6 40	6 60	6 80	7 »	7 20
9 »	6 97	7 20	7 42	7 65	7 87	8 10
10 »	7 75	8 »	8 25	8 50	8 75	9 »
11 »	8 52	8 80	9 07	9 35	9 62	9 90
12 »	9 30	9 60	9 90	10 20	10 50	10 80

LONGUEURS.	26	27	28	29	30	31
0 05	0 03	0 03	0 04	0 04	0 04	0 04
0 10	0 07	0 07	0 07	0 08	0 08	0 08
0 15	0 10	0 11	0 11	0 11	0 12	0 12
0 20	0 13	0 14	0 15	0 15	0 16	0 16
0 25	0 17	0 18	0 18	0 19	0 19	0 20
0 30	0 20	0 21	0 22	0 23	0 23	0 24
0 35	0 24	0 25	0 25	0 26	0 27	0 28
0 40	0 27	0 28	0 29	0 30	0 31	0 32
0 45	0 30	0 31	0 33	0 34	0 35	0 36
0 50	0 34	0 35	0 36	0 38	0 39	0 40
0 55	0 37	0 39	0 40	0 41	0 43	0 44
0 60	0 41	0 42	0 44	0 45	0 47	0 48
0 65	0 44	0 46	0 47	0 49	0 51	0 52
0 70	0 47	0 49	0 51	0 53	0 55	0 56
0 75	0 51	0 53	0 55	0 57	0 58	0 60
0 80	0 54	0 56	0 58	0 60	0 62	0 64
0 85	0 57	0 60	0 62	0 64	0 66	0 69
0 90	0 61	0 63	0 66	0 68	0 70	0 73
0 95	0 64	0 67	0 69	0 72	0 74	0 77
1 »	0 68	0 70	0 73	0 75	0 78	0 81
2 »	1 35	1 40	1 46	1 51	1 56	1 61
3 »	2 03	2 11	2 18	2 26	2 34	2 42
4 »	2 70	2 81	2 91	3 02	3 12	3 22
5 »	3 38	3 51	3 64	3 77	3 90	4 03
6 »	4 06	4 21	4 37	4 52	4 68	4 84
7 »	4 73	4 91	5 10	5 28	5 46	5 64
8 »	5 41	5 62	5 82	6 03	6 24	6 45
9 »	6 08	6 32	6 55	6 79	7 02	7 25
10 »	6 76	7 02	7 28	7 54	7 80	8 06
11 »	7 44	7 72	8 01	8 29	8 58	8 87
12 »	8 11	8 42	8 74	9 05	9 36	9 67

LONGUEURS.		32		33		34		35		36		37	
0	05	0	04	0	04	0	04	0	05	0	05	0	05
0	10	0	08	0	09	0	09	0	09	0	09	0	10
0	15	0	12	0	13	0	13	0	14	0	14	0	14
0	20	0	17	0	17	0	18	0	18	0	19	0	19
0	25	0	21	0	21	0	22	0	23	0	23	0	24
0	30	0	25	0	26	0	27	0	27	0	28	0	29
0	35	0	29	0	30	0	31	0	32	0	33	0	34
0	40	0	33	0	34	0	35	0	36	0	37	0	38
0	45	0	37	0	39	0	40	0	41	0	42	0	43
0	50	0	42	0	43	0	44	0	45	0	47	0	48
0	55	0	46	0	47	0	49	0	50	0	51	0	53
0	60	0	50	0	51	0	53	0	55	0	56	0	58
0	65	0	54	0	56	0	57	0	59	0	61	0	63
0	70	0	58	0	60	0	62	0	64	0	66	0	67
0	75	0	62	0	64	0	66	0	68	0	70	0	72
0	80	0	67	0	69	0	71	0	73	0	75	0	77
0	85	0	71	0	73	0	75	0	77	0	80	0	82
0	90	0	75	0	77	0	80	0	82	0	84	0	87
0	95	0	79	0	81	0	84	0	86	0	89	0	91
1	»	0	83	0	86	0	88	0	91	0	94	0	96
2	»	1	66	1	72	1	77	1	82	1	87	1	92
3	»	2	50	2	57	2	65	2	73	2	81	2	89
4	»	3	33	3	43	3	54	3	64	3	74	3	85
5	»	4	16	4	29	4	42	4	55	4	68	4	81
6	»	4	99	5	15	5	30	5	46	5	62	5	77
7	»	5	82	6	01	6	19	6	37	6	55	6	73
8	»	6	66	6	86	7	07	7	28	7	49	7	70
9	»	7	49	7	72	7	96	8	19	8	42	8	66
10	»	8	32	8	58	8	84	9	10	9	36	9	62
11	»	9	15	9	44	9	72	10	01	10	30	10	58
12	»	9	98	10	30	10	61	10	92	11	23	11	54

LONGUEURS.	27	28	29	30	31	32
0 05	0 04	0 04	0 04	0 04	0 04	0 04
0 10	0 07	0 08	0 08	0 08	0 08	0 09
0 15	0 11	0 11	0 11	0 12	0 13	0 13
0 20	0 15	0 15	0 16	0 16	0 17	0 17
0 25	0 18	0 19	0 20	0 20	0 21	0 22
0 30	0 22	0 23	0 23	0 24	0 25	0 26
0 35	0 26	0 26	0 27	0 28	0 29	0 30
0 40	0 29	0 30	0 31	0 32	0 33	0 35
0 45	0 33	0 34	0 35	0 36	0 38	0 39
0 50	0 36	0 38	0 39	0 40	0 42	0 43
0 55	0 40	0 42	0 43	0 45	0 46	0 48
0 60	0 44	0 45	0 47	0 49	0 50	0 52
0 65	0 47	0 49	0 51	0 53	0 54	0 56
0 70	0 51	0 53	0 55	0 57	0 59	0 60
0 75	0 55	0 57	0 59	0 61	0 63	0 65
0 80	0 58	0 60	0 63	0 65	0 67	0 69
0 85	0 62	0 64	0 67	0 69	0 71	0 74
0 90	0 66	0 68	0 70	0 73	0 75	0 78
0 95	0 69	0 72	0 74	0 77	0 79	0 82
1 »	0 73	0 76	0 78	0 81	0 84	0 86
2 »	1 46	1 51	1 57	1 62	1 67	1 73
3 »	2 19	2 27	2 35	2 43	2 51	2 59
4 »	2 92	3 02	3 13	3 24	3 35	3 46
5 »	3 64	3 78	3 91	4 05	4 18	4 32
6 »	4 37	4 54	4 70	4 86	5 02	5 18
7 »	5 10	5 29	5 48	5 67	5 86	6 05
8 »	5 83	6 05	6 26	6 48	6 70	6 91
9 »	6 56	6 80	7 05	7 29	7 53	7 78
10 »	7 29	7 56	7 83	8 10	8 37	8 64
11 »	8 02	8 32	8 61	8 91	9 21	9 50
12 »	8 75	9 07	9 40	9 72	10 04	10 37

LONGUEURS.	33	34	35	36	37	38
0 05	0 04	0 05	0 05	0 05	0 05	0 05
0 10	0 09	0 09	0 09	0 10	0 10	0 10
0 15	0 13	0 14	0 14	0 15	0 15	0 15
0 20	0 18	0 18	0 19	0 19	0 20	0 21
0 25	0 22	0 23	0 24	0 24	0 25	0 26
0 30	0 27	0 28	0 28	0 29	0 30	0 31
0 35	0 31	0 32	0 33	0 34	0 35	0 36
0 40	0 36	0 37	0 38	0 39	0 40	0 41
0 45	0 40	0 41	0 43	0 44	0 45	0 46
0 50	0 45	0 46	0 47	0 49	0 50	0 51
0 55	0 49	0 50	0 52	0 53	0 55	0 56
0 60	0 53	0 55	0 57	0 58	0 60	0 62
0 65	0 58	0 60	0 61	0 63	0 65	0 67
0 70	0 62	0 64	0 66	0 68	0 70	0 72
0 75	0 67	0 69	0 71	0 73	0 75	0 77
0 80	0 71	0 73	0 76	0 78	0 80	0 82
0 85	0 76	0 78	0 80	0 83	0 85	0 87
0 90	0 80	0 83	0 85	0 87	0 90	0 92
0 95	0 85	0 87	0 90	0 92	0 95	0 97
1 »	0 89	0 92	0 94	0 97	1 »	1 03
2 »	1 78	1 84	1 89	1 94	2 »	2 05
3 »	2 67	2 75	2 83	2 92	3 »	3 08
4 »	3 56	3 67	3 78	3 89	4 »	4 10
5 »	4 45	4 59	4 72	4 86	4 99	5 13
6 »	5 35	5 51	5 67	5 83	5 99	6 16
7 »	6 24	6 43	6 61	6 80	6 99	7 18
8 »	7 13	7 34	7 56	7 78	7 99	8 21
9 »	8 02	8 26	8 51	8 75	8 99	9 23
10 »	8 91	9 18	9 45	9 72	9 99	10 26
11 »	9 80	10 10	10 39	10 69	10 99	11 29
12 »	10 69	11 02	11 34	11 66	11 99	12 31

LONGUEURS.	28	29	30	31	32	33
0 05	0 04	0 04	0 04	0 04	0 04	0 05
0 10	0 08	0 08	0 08	0 09	0 09	0 09
0 15	0 11	0 11	0 13	0 13	0 13	0 14
0 20	0 16	0 16	0 17	0 17	0 18	0 18
0 25	0 20	0 20	0 21	0 22	0 22	0 22
0 30	0 24	0 24	0 25	0 26	0 27	0 28
0 35	0 27	0 28	0 29	0 30	0 31	0 32
0 40	0 31	0 32	0 34	0 35	0 36	0 37
0 45	0 35	0 37	0 38	0 39	0 40	0 42
0 50	0 39	0 41	0 42	0 43	0 45	0 46
0 55	0 43	0 45	0 46	0 48	0 49	0 51
0 60	0 47	0 49	0 50	0 52	0 54	0 55
0 65	0 51	0 53	0 55	0 56	0 58	0 60
0 70	0 55	0 57	0 59	0 61	0 63	0 65
0 75	0 59	0 61	0 63	0 65	0 67	0 69
0 80	0 63	0 65	0 67	0 69	0 72	0 74
0 85	0 67	0 69	0 71	0 74	0 76	0 79
0 90	0 71	0 73	0 76	0 78	0 81	0 83
0 95	0 75	0 77	0 80	0 82	0 85	0 88
1 »	0 78	0 81	0 84	0 87	0 90	0 92
2 »	1 57	1 62	1 68	1 74	1 79	1 85
3 »	2 35	2 44	2 52	2 60	2 69	2 77
4 »	3 14	3 25	3 36	3 47	3 58	3 70
5 »	3 92	4 06	4 20	4 34	4 48	4 62
6 »	4 70	4 87	5 04	5 21	5 38	5 54
7 »	5 49	5 68	5 88	6 08	6 27	6 47
8 »	6 27	6 50	6 72	6 94	7 17	7 39
9 »	7 06	7 31	7 56	7 81	8 06	8 32
10 »	7 84	8 12	8 40	8 68	8 96	9 24
11 »	8 62	8 93	9 24	9 53	9 86	10 16
12 »	9 41	9 74	10 08	10 42	10 75	11 09

LONGUEURS.	34	35	36	37	38	39
0 05	0 05	0 05	0 05	0 05	0 05	0 05
0 10	0 10	0 10	0 10	0 10	0 11	0 11
0 15	0 14	0 15	0 15	0 16	0 16	0 16
0 20	0 19	0 20	0 20	0 21	0 21	0 22
0 25	0 24	0 24	0 25	0 26	0 27	0 27
0 30	0 29	0 29	0 30	0 31	0 32	0 33
0 35	0 33	0 34	0 35	0 36	0 37	0 38
0 40	0 38	0 39	0 40	0 41	0 43	0 44
0 45	0 43	0 44	0 45	0 47	0 48	0 49
0 50	0 48	0 49	0 50	0 52	0 53	0 55
0 55	0 52	0 54	0 55	0 57	0 59	0 60
0 60	0 57	0 59	0 60	0 62	0 64	0 66
0 65	0 62	0 64	0 66	0 67	0 69	0 71
0 70	0 67	0 69	0 71	0 73	0 74	0 76
0 75	0 71	0 73	0 76	0 78	0 80	0 82
0 80	0 76	0 78	0 81	0 83	0 85	0 87
0 85	0 81	0 83	0 86	0 88	0 90	0 93
0 90	0 86	0 88	0 91	0 93	0 96	0 98
0 95	0 90	0 93	0 96	0 98	1 01	1 04
1 »	0 95	0 98	1 01	1 04	1 06	1 09
2 »	1 90	1 96	2 02	2 07	2 13	2 18
3 »	2 86	2 94	3 02	3 11	3 19	3 28
4 »	3 81	3 92	4 03	4 14	4 26	4 37
5 »	4 76	4 90	5 04	5 18	5 32	5 46
6 »	5 71	5 88	6 05	6 22	6 38	6 55
7 »	6 66	6 86	7 06	7 25	7 45	7 64
8 »	7 62	7 84	8 06	8 29	8 51	8 74
9 »	8 57	8 82	9 07	9 32	9 58	9 83
10 »	9 52	9 80	10 08	10 36	10 64	10 92
11 »	10 47	10 78	11 09	11 40	11 70	12 01
12 »	11 42	11 76	12 10	12 43	12 77	13 10

LONGUEURS.	29	30	31	32	33	34
0 05	0 04	0 04	0 04	0 05	0 05	0 05
0 10	0 08	0 09	0 09	0 09	0 09	0 10
0 15	0 13	0 13	0 13	0 14	0 14	0 15
0 20	0 17	0 17	0 18	0 19	0 19	0 20
0 25	0 21	0 22	0 22	0 23	0 24	0 25
0 30	0 25	0 26	0 27	0 28	0 29	0 30
0 35	0 29	0 30	0 31	0 32	0 33	0 35
0 40	0 34	0 35	0 36	0 37	0 38	0 39
0 45	0 38	0 39	0 40	0 42	0 43	0 44
0 50	0 42	0 43	0 45	0 46	0 48	0 49
0 55	0 46	0 48	0 49	0 51	0 53	0 54
0 60	0 50	0 52	0 54	0 56	0 57	0 59
0 65	0 55	0 57	0 58	0 60	0 62	0 64
0 70	0 59	0 61	0 63	0 65	0 67	0 69
0 75	0 63	0 65	0 67	0 70	0 72	0 74
0 80	0 67	0 70	0 72	0 74	0 77	0 79
0 85	0 72	0 74	0 76	0 79	0 81	0 84
0 90	0 76	0 78	0 81	0 84	0 86	0 89
0 95	0 80	0 83	0 85	0 88	0 91	0 94
1 »	0 84	0 87	0 90	0 93	0 96	0 99
2 »	1 68	1 74	1 80	1 86	1 91	1 97
3 »	2 52	2 61	2 70	2 78	2 87	2 96
4 »	3 36	3 48	3 60	3 71	3 83	3 94
5 »	4 20	4 35	4 49	4 64	4 78	4 93
6 »	5 05	5 22	5 39	5 57	5 74	5 92
7 »	5 89	6 09	6 29	6 50	6 70	6 90
8 »	6 73	6 96	7 19	7 42	7 66	7 89
9 »	7 57	7 85	8 09	8 35	8 61	8 87
10 »	8 41	8 70	8 99	9 28	9 57	9 86
11 »	9 25	9 57	9 89	10 21	10 53	10 85
12 »	10 09	10 44	10 79	11 14	11 48	11 83

LONGUEURS	35	36	37	38	39	40
0 05	0 05	0 05	0 05	0 05	0 06	0 06
0 10	0 10	0 10	0 11	0 11	0 11	0 12
0 15	0 15	0 16	0 16	0 17	0 17	0 17
0 20	0 20	0 21	0 21	0 22	0 25	0 23
0 25	0 25	0 26	0 27	0 27	0 28	0 29
0 30	0 30	0 31	0 32	0 33	0 34	0 35
0 35	0 36	0 37	0 38	0 39	0 40	0 41
0 40	0 41	0 42	0 43	0 44	0 45	0 46
0 45	0 46	0 47	0 48	0 50	0 51	0 52
0 50	0 51	0 52	0 54	0 55	0 57	0 58
0 55	0 56	0 57	0 59	0 61	0 62	0 64
0 60	0 61	0 63	0 64	0 66	0 68	0 70
0 65	0 66	0 68	0 70	0 72	0 74	0 75
0 70	0 71	0 73	0 75	0 77	0 79	0 81
0 75	0 76	0 78	0 80	0 83	0 85	0 87
0 80	0 81	0 83	0 86	0 88	0 90	0 93
0 85	0 86	0 88	0 91	0 94	0 96	0 99
0 90	0 91	0 94	0 97	0 99	1 02	1 04
0 95	0 96	0 99	1 02	1 05	1 07	1 10
1 »	1 01	1 04	1 07	1 10	1 13	1 16
2 »	2 03	2 09	2 15	2 20	2 26	2 32
3 »	3 04	3 13	3 22	3 31	3 59	3 48
4 »	4 06	4 18	4 29	4 41	4 52	4 64
5 »	5 07	5 22	5 36	5 51	5 65	5 80
6 »	6 09	6 26	6 44	6 61	6 79	6 96
7 »	7 10	7 31	7 51	7 71	7 92	8 12
8 »	8 12	8 35	8 58	8 82	9 05	9 28
9 »	9 13	9 40	9 66	9 92	10 18	10 44
10 »	10 15	10 44	10 73	11 02	11 31	11 60
11 »	11 16	11 48	11 80	12 12	12 43	12 76
12 »	12 18	12 53	12 88	13 22	13 57	13 92

De 30 centimètres à

LONGUEURS.	30	31	32	33	34	35
0 05	0 04	0 05	0 05	0 05	0 05	0 05
0 10	0 09	0 09	0 10	0 10	0 10	0 10
0 15	0 13	0 14	0 14	0 15	0 15	0 16
0 20	0 18	0 19	0 19	0 20	0 20	0 21
0 25	0 22	0 23	0 24	0 25	0 25	0 26
0 30	0 27	0 28	0 29	0 30	0 31	0 31
0 35	0 31	0 33	0 34	0 35	0 36	0 37
0 40	0 36	0 37	0 38	0 40	0 41	0 42
0 45	0 40	0 42	0 43	0 45	0 46	0 47
0 50	0 45	0 46	0 48	0 49	0 51	0 52
0 55	0 49	0 51	0 53	0 54	0 56	0 58
0 60	0 54	0 56	0 58	0 59	0 61	0 63
0 65	0 58	0 60	0 62	0 64	0 66	0 68
0 70	0 63	0 65	0 67	0 69	0 71	0 73
0 75	0 67	0 70	0 72	0 74	0 76	0 79
0 80	0 72	0 74	0 77	0 79	0 82	0 84
0 85	0 76	0 79	0 82	0 84	0 87	0 89
0 90	0 81	0 84	0 86	0 89	0 92	0 94
0 95	0 85	0 88	0 91	0 94	0 97	1 »
1 »	0 90	0 93	0 96	0 99	1 02	1 05
2 »	1 80	1 86	1 92	1 98	2 04	2 10
3 »	2 70	2 79	2 88	2 97	3 06	3 15
4 »	3 60	3 72	3 84	3 96	4 08	4 20
5 »	4 50	4 65	4 80	4 95	5 10	5 25
6 »	5 40	5 58	5 76	5 94	6 92	6 30
7 »	6 30	6 85	6 72	6 93	7 14	7 35
8 »	7 20	7 44	7 68	7 92	8 16	8 40
9 »	8 10	8 37	8 64	8 91	9 18	9 45
10 »	9 »	9 30	9 60	9 90	10 20	10 50
11 »	9 90	10 23	10 56	10 89	11 22	11 55
12 »	10 80	11 16	11 52	11 88	12 24	12 60

LONGUEURS	36	37	38	39	40	41
0 05	0 05	0 06	0 06	0 06	0 06	0 06
0 10	0 11	0 11	0 11	0 12	0 12	0 12
0 15	0 16	0 17	0 17	0 18	0 18	0 18
0 20	0 22	0 22	0 23	0 23	0 24	0 25
0 25	0 27	0 28	0 28	0 29	0 30	0 31
0 30	0 32	0 33	0 34	0 35	0 36	0 37
0 35	0 38	0 39	0 40	0 41	0 42	0 43
0 40	0 43	0 44	0 46	0 47	0 48	0 49
0 45	0 49	0 50	0 51	0 53	0 54	0 55
0 50	0 54	0 55	0 57	0 58	0 60	0 61
0 55	0 59	0 61	0 63	0 64	0 66	0 68
0 60	0 65	0 67	0 68	0 70	0 72	0 74
0 65	0 70	0 72	0 74	0 76	0 78	0 80
0 70	0 76	0 78	0 80	0 82	0 84	0 86
0 75	0 81	0 83	0 85	0 88	0 90	0 92
0 80	0 86	0 89	0 91	0 94	0 96	0 98
0 85	0 92	0 94	0 97	0 99	1 02	1 05
0 90	0 97	1 »	1 03	1 05	1 08	1 11
0 95	1 03	1 05	1 08	1 11	1 14	1 17
1 »	1 08	1 11	1 14	1 17	1 20	1 23
2 »	2 16	2 22	2 28	2 34	2 40	2 46
3 »	3 24	3 33	3 42	3 51	3 60	3 69
4 »	4 32	4 44	4 56	4 68	4 80	4 92
5 »	5 40	5 55	5 70	5 85	6 »	6 15
6 »	6 48	6 66	6 84	7 02	7 20	7 38
7 »	7 56	7 77	7 98	8 19	8 40	8 61
8 »	8 64	8 88	9 12	9 36	9 60	9 84
9 »	9 72	9 99	10 26	10 53	10 80	11 07
10 »	10 80	11 10	11 40	11 70	12 »	12 30
11 »	11 88	12 21	12 54	12 87	13 20	13 53
12 »	12 96	13 32	13 68	14 04	14 40	14 76

LONGUEURS		31		32		33		34		35		36	
0	05	0	05	0	05	0	05	0	05	0	05	0	06
0	10	0	10	0	10	0	10	0	10	0	11	0	11
0	15	0	14	0	15	0	15	0	16	0	16	0	17
0	20	0	19	0	20	0	20	0	21	0	22	0	22
0	25	0	24	0	25	0	26	0	26	0	27	0	28
0	30	0	29	0	30	0	31	0	32	0	32	0	33
0	35	0	34	0	35	0	36	0	37	0	38	0	39
0	40	0	38	0	40	0	41	0	42	0	43	0	45
0	45	0	43	0	45	0	46	0	47	0	49	0	50
0	50	0	48	0	50	0	51	0	53	0	54	0	56
0	55	0	53	0	55	0	56	0	58	0	60	0	61
0	60	0	58	0	60	0	61	0	63	0	65	0	67
0	65	0	62	0	64	0	66	0	68	0	71	0	73
0	70	0	67	0	69	0	72	0	74	0	76	0	78
0	75	0	72	0	74	0	77	0	79	0	81	0	84
0	80	0	77	0	79	0	82	0	84	0	87	0	89
0	85	0	82	0	84	0	87	0	90	0	92	0	95
0	90	0	86	0	89	0	92	0	95	0	98	1	01
0	95	0	91	0	94	0	97	1	»	1	03	1	06
1	»	0	96	0	99	1	02	1	05	1	08	1	12
2	»	1	92	1	98	2	05	2	11	2	17	2	23
3	»	2	88	2	98	3	07	3	16	3	25	3	35
4	»	3	84	3	97	4	09	4	22	4	34	4	46
5	»	4	80	4	96	5	11	5	27	5	42	5	58
6	»	5	77	5	95	6	14	6	32	6	51	6	70
7	»	6	73	6	94	7	16	7	38	7	59	7	81
8	»	7	69	7	94	8	18	8	43	8	68	8	93
9	»	8	65	8	93	9	21	9	49	9	76	10	04
10	»	9	61	9	92	10	23	10	54	10	85	11	16
11	»	10	57	10	91	11	25	11	59	11	93	12	28
12	»	11	53	11	90	12	28	12	65	13	02	13	39

LONGUEURS.	37		38		39		40		41		42	
0 05	0	06	0	06	0	06	0	06	0	06	0	07
0 10	0	11	0	12	0	12	0	12	0	13	0	13
0 15	0	17	0	18	0	18	0	19	0	19	0	19
0 20	0	23	0	24	0	24	0	25	0	25	0	26
0 25	0	28	0	29	0	30	0	31	0	32	0	33
0 30	0	34	0	35	0	36	0	37	0	38	0	39
0 35	0	40	0	41	0	42	0	43	0	44	0	46
0 40	0	46	0	47	0	48	0	50	0	51	0	52
0 45	0	52	0	53	0	54	0	56	0	57	0	59
0 50	0	57	0	59	0	60	0	62	0	64	0	65
0 55	0	63	0	65	0	66	0	68	0	70	0	72
0 60	0	69	0	71	0	73	0	74	0	76	0	78
0 65	0	75	0	77	0	79	0	81	0	83	0	85
0 70	0	80	0	82	0	85	0	87	0	89	0	91
0 75	0	86	0	88	0	91	0	93	0	95	0	98
0 80	0	92	0	94	0	97	0	99	1	02	1	04
0 85	0	97	1	»	1	03	1	05	1	08	1	11
0 90	1	03	1	06	1	09	1	12	1	14	1	17
0 95	1	09	1	12	1	15	1	18	1	21	1	24
1 »	1	15	1	18	1	21	1	24	1	27	1	30
2 »	2	29	2	36	2	42	2	48	2	54	2	60
3 »	3	44	3	53	3	63	3	72	3	81	3	91
4 »	4	59	4	71	4	84	4	96	5	08	5	21
5 »	5	73	5	89	6	04	6	20	6	35	6	51
6 »	6	88	7	07	7	25	7	44	7	63	7	81
7 »	8	03	8	25	8	46	8	68	8	90	9	11
8 »	9	18	9	42	9	67	9	92	10	17	10	42
9 »	10	32	10	60	10	88	11	16	11	44	11	72
10 »	11	47	11	78	12	09	12	40	12	71	13	02
11 »	12	62	12	96	13	30	13	64	13	98	14	32
12 »	13	76	14	14	14	51	14	88	15	25	15	62

LONGUEURS		32	33	34	35	36	37
0	05	0 05	0 05	0 05	0 06	0 06	0 06
0	10	0 10	0 11	0 11	0 11	0 12	0 12
0	15	0 15	0 16	0 16	0 17	0 17	0 18
0	20	0 20	0 21	0 22	0 22	0 23	0 24
0	25	0 26	0 26	0 27	0 28	0 29	0 30
0	30	0 31	0 32	0 33	0 34	0 35	0 36
0	35	0 36	0 37	0 38	0 39	0 40	0 41
0	40	0 41	0 42	0 44	0 45	0 46	0 47
0	45	0 46	0 48	0 49	0 50	0 52	0 53
0	50	0 51	0 53	0 54	0 56	0 58	0 59
0	55	0 56	0 58	0 60	0 62	0 63	0 65
0	60	0 61	0 63	0 65	0 67	0 69	0 71
0	65	0 66	0 69	0 71	0 73	0 75	0 77
0	70	0 72	0 74	0 76	0 78	0 81	0 83
0	75	0 77	0 79	0 82	0 84	0 86	0 89
0	80	0 82	0 84	0 87	0 90	0 92	0 95
0	85	0 87	0 90	0 92	0 95	0 98	1 01
0	90	0 92	0 95	0 98	1 01	1 04	1 07
0	95	0 97	1 »	1 03	1 06	1 09	1 13
1	»	1 02	1 06	1 09	1 12	1 15	1 18
2	»	2 05	2 11	2 18	2 24	2 30	2 37
3	»	3 07	3 17	3 26	3 36	3 46	3 55
4	»	4 09	4 22	4 35	4 48	4 61	4 74
5	»	5 12	5 28	5 44	5 60	5 76	5 92
6	»	6 14	6 34	6 53	6 72	6 91	7 10
7	»	7 16	7 39	7 62	7 84	8 06	8 29
8	»	8 19	8 45	8 70	8 96	9 22	9 47
9	»	9 22	9 50	9 79	10 08	10 37	10 66
10	»	10 24	10 56	10 88	11 20	11 52	11 84
11	»	11 26	11 62	11 97	12 32	12 67	13 02
12	»	12 29	12 67	13 06	13 44	13 82	14 21

LONGUEURS.	38	39	40	41	42	43
0 05	0 06	0 06	0 06	0 07	0 07	0 07
0 10	0 12	0 12	0 13	0 13	0 13	0 14
0 15	0 18	0 19	0 19	0 20	0 20	0 21
0 20	0 24	0 25	0 26	0 26	0 27	0 27
0 25	0 30	0 31	0 32	0 33	0 34	0 34
0 30	0 36	0 37	0 38	0 39	0 40	0 41
0 35	0 45	0 44	0 45	0 46	0 47	0 48
0 40	0 49	0 50	0 51	0 52	0 54	0 55
0 45	0 55	0 56	0 57	0 58	0 60	0 62
0 50	0 61	0 62	0 64	0 66	0 67	0 69
0 55	0 67	0 69	0 70	0 72	0 74	0 76
0 60	0 73	0 75	0 77	0 79	0 81	0 83
0 65	0 79	0 81	0 83	0 85	0 87	0 89
0 70	0 85	0 87	0 90	0 92	0 94	0 96
0 75	0 91	0 94	0 96	0 98	1 01	1 03
0 80	0 97	1 »	1 02	1 05	1 07	1 10
0 85	1 03	1 06	1 09	1 12	1 14	1 17
0 90	1 09	1 12	1 15	1 18	1 21	1 24
0 95	1 15	1 19	1 22	1 25	1 28	1 31
1 »	1 22	1 25	1 28	1 31	1 34	1 38
2 »	2 43	2 50	2 56	2 62	2 69	2 75
3 »	3 65	3 74	3 84	3 94	4 03	4 13
4 »	4 86	4 99	5 12	5 25	5 38	5 50
5 »	6 08	6 24	6 40	6 56	6 72	6 88
6 »	7 30	7 49	7 68	7 87	8 06	8 26
7 »	8 51	8 74	8 96	9 18	9 41	9 63
8 »	9 73	9 98	10 24	10 50	10 75	11 01
9 »	10 94	11 23	11 52	11 81	12 10	12 38
10 »	12 16	12 48	12 80	13 12	13 44	13 76
11 »	13 38	13 73	14 08	14 43	14 78	15 14
12 »	14 59	14 98	15 36	15 74	16 13	16 51

LONGUEURS		33		34		35		36		37		38
0	05	0	05	0	06	0	06	0	06	0	06	0	06
0	10	0	11	0	11	0	12	0	12	0	12	0	13
0	15	0	16	0	17	0	17	0	18	0	18	0	19
0	20	0	22	0	22	0	23	0	24	0	24	0	25
0	25	0	27	0	28	0	29	0	30	0	31	0	31
0	30	0	33	0	34	0	35	0	36	0	37	0	38
0	35	0	38	0	39	0	40	0	42	0	43	0	44
0	40	0	44	0	45	0	46	0	48	0	49	0	50
0	45	0	49	0	50	0	52	0	53	0	55	0	56
0	50	0	54	0	56	0	58	0	59	0	61	0	63
0	55	0	60	0	62	0	64	0	65	0	67	0	69
0	60	0	65	0	67	0	69	0	71	0	73	0	75
0	65	0	71	0	73	0	75	0	77	0	79	0	81
0	70	0	76	0	79	0	81	0	83	0	85	0	88
0	75	0	82	0	84	0	87	0	89	0	92	0	94
0	80	0	87	0	90	0	92	0	95	0	98	1	»
0	85	0	93	0	95	0	98	1	01	1	04	1	07
0	90	0	98	1	01	1	04	1	07	1	10	1	13
0	95	1	03	1	07	1	10	1	13	1	16	1	19
1	»	1	09	1	12	1	15	1	19	1	22	1	25
2	»	2	18	2	24	2	31	2	38	2	44	2	51
3	»	3	27	3	37	3	46	3	56	3	66	3	76
4	»	4	36	4	49	4	62	4	75	4	88	5	02
5	»	5	44	5	61	5	77	5	94	6	10	6	27
6	»	6	53	6	73	6	93	7	13	7	33	7	52
7	»	7	62	7	85	8	08	8	32	8	55	8	78
8	»	8	71	8	98	9	24	9	50	9	77	10	03
9	»	9	80	10	10	10	39	10	69	10	99	11	29
10	»	10	89	11	22	11	55	11	88	12	21	12	54
11	»	11	98	12	34	12	70	13	07	13	43	13	79
12	»	13	07	13	46	13	86	14	26	14	65	15	05

LONGUEURS.	39	40	41	42	43	44
0 05	0 06	0 07	0 07	0 07	0 07	0 07
0 10	0 13	0 13	0 14	0 14	0 14	0 15
0 15	0 19	0 20	0 20	0 21	0 21	0 22
0 20	0 26	0 26	0 27	0 28	0 28	0 29
0 25	0 32	0 33	0 34	0 35	0 35	0 36
0 30	0 39	0 40	0 41	0 42	0 43	0 44
0 35	0 45	0 46	0 47	0 49	0 50	0 51
0 40	0 51	0 53	0 54	0 55	0 57	0 58
0 45	0 58	0 59	0 61	0 62	0 64	0 65
0 50	0 64	0 66	0 68	0 69	0 71	0 73
0 55	0 71	0 73	0 74	0 76	0 78	0 80
0 60	0 77	0 79	0 81	0 83	0 85	0 87
0 65	0 84	0 86	0 88	0 90	0 92	0 94
0 70	0 90	0 92	0 95	0 97	0 99	1 02
0 75	0 97	0 99	1 01	1 04	1 06	1 09
0 80	1 03	1 06	1 08	1 11	1 14	1 16
0 85	1 09	1 12	1 15	1 18	1 21	1 23
0 90	1 16	1 19	1 22	1 25	1 28	1 31
0 95	1 22	1 25	1 29	1 32	1 35	1 38
1 »	1 29	1 32	1 35	1 39	1 42	1 45
2 »	2 57	2 64	2 71	2 77	2 84	2 90
3 »	3 86	3 96	4 06	4 16	4 26	4 36
4 »	5 15	5 28	5 41	5 54	5 68	5 81
5 »	6 43	6 60	6 76	6 93	7 09	7 26
6 »	7 72	7 92	8 12	8 32	8 51	8 71
7 »	9 01	9 24	9 47	9 70	9 93	10 16
8 »	10 30	10 56	10 82	11 09	11 35	11 62
9 »	11 58	11 88	12 18	12 47	12 77	13 07
10 »	12 87	13 20	13 53	13 86	14 19	14 52
11 »	14 16	14 52	14 88	15 25	15 61	15 97
12 »	15 44	15 84	16 24	16 63	17 03	17 42

LONGUEURS.		34		35		36		37		38		39	
0	05	0	06	0	06	0	06	0	06	0	06	0	07
0	10	0	12	0	12	0	12	0	13	0	13	0	13
0	15	0	17	0	18	0	18	0	19	0	19	0	20
0	20	0	23	0	24	0	24	0	25	0	26	0	27
0	25	0	29	0	30	0	31	0	31	0	32	0	33
0	30	0	35	0	36	0	37	0	38	0	39	0	40
0	35	0	40	0	42	0	43	0	44	0	45	0	46
0	40	0	46	0	48	0	49	0	50	0	52	0	53
0	45	0	52	0	54	0	55	0	57	0	58	0	60
0	50	0	58	0	59	0	61	0	63	0	65	0	66
0	55	0	64	0	65	0	67	0	69	0	71	0	73
0	60	0	70	0	71	0	73	0	75	0	78	0	80
0	65	0	75	0	77	0	80	0	82	0	84	0	86
0	70	0	81	0	83	0	86	0	88	0	90	0	93
0	75	0	87	0	89	0	92	0	94	0	97	0	99
0	80	0	92	0	95	0	98	1	01	1	03	1	06
0	85	0	98	1	01	1	04	1	07	1	10	1	13
0	90	1	04	1	07	1	10	1	13	1	16	1	19
0	95	1	10	1	13	1	16	1	20	1	23	1	26
1	»	1	16	1	19	1	22	1	26	1	29	1	33
2	»	2	31	2	38	2	45	2	52	2	58	2	65
3	»	3	47	3	57	3	67	3	77	3	88	3	98
4	»	4	62	4	76	4	90	5	03	5	17	5	30
5	»	5	78	5	95	6	12	6	29	6	46	6	63
6	»	6	94	7	14	7	34	7	55	7	75	7	96
7	»	8	09	8	33	8	57	8	81	9	04	9	28
8	»	9	25	9	52	9	79	10	06	10	34	10	61
9	»	10	40	10	71	11	02	11	32	11	63	11	93
10	»	11	56	11	90	12	24	12	58	12	92	13	26
11	»	12	72	13	09	13	46	13	84	14	22	14	59
12	»	13	87	14	28	14	69	15	10	15	50	15	91

LONGUEURS.	40	41	42	43	44	45
0 05	0 07	0 07	0 07	0 07	0 07	0 08
0 10	0 14	0 14	0 14	0 15	0 15	0 15
0 15	0 20	0 21	0 21	0 22	0 22	0 23
0 20	0 27	0 28	0 29	0 29	0 30	0 31
0 25	0 34	0 35	0 36	0 37	0 37	0 38
0 30	0 41	0 42	0 43	0 44	0 45	0 46
0 35	0 48	0 49	0 50	0 51	0 52	0 54
0 40	0 54	0 56	0 57	0 58	0 60	0 61
0 45	0 61	0 63	0 64	0 66	0 67	0 69
0 50	0 68	0 70	0 71	0 73	0 75	0 76
0 55	0 75	0 77	0 79	0 80	0 82	0 84
0 60	0 82	0 84	0 86	0 88	0 90	0 92
0 65	0 88	0 91	0 93	0 95	0 97	0 99
0 70	0 95	0 98	1 »	1 02	1 05	1 07
0 75	1 02	1 05	1 07	1 10	1 12	1 15
0 80	1 09	1 12	1 14	1 17	1 20	1 22
0 85	1 16	1 18	1 21	1 24	1 27	1 30
0 90	1 22	1 25	1 29	1 32	1 35	1 38
0 95	1 29	1 32	1 36	1 39	1 42	1 45
1 »	1 36	1 39	1 43	1 46	1 50	1 53
2 »	2 72	2 79	2 86	2 92	2 99	3 06
3 »	4 08	4 18	4 28	4 39	4 49	4 59
4 »	5 44	5 58	5 71	5 85	5 98	6 12
5 »	6 80	6 97	7 14	7 31	7 48	7 65
6 »	8 16	8 36	8 57	8 77	8 98	9 18
7 »	9 52	9 76	10 »	10 23	10 47	10 71
8 »	10 88	11 15	11 42	11 70	11 97	12 24
9 »	12 24	12 55	12 85	13 16	13 46	13 77
10 »	13 60	13 94	14 28	14 62	14 96	15 30
11 »	14 96	15 33	15 71	16 08	16 46	16 83
12 »	16 32	16 73	17 14	17 54	17 95	18 36

LONGUEURS.	35	36	37	38	39	40
0 05	0 06	0 06	0 06	0 07	0 07	0 07
0 10	0 12	0 13	0 13	0 13	0 14	0 14
0 15	0 18	0 19	0 19	0 20	0 20	0 21
0 20	0 24	0 25	0 26	0 27	0 27	0 28
0 25	0 31	0 31	0 32	0 33	0 34	0 35
0 30	0 37	0 38	0 39	0 40	0 41	0 42
0 35	0 43	0 44	0 45	0 47	0 48	0 49
0 40	0 49	0 50	0 52	0 53	0 55	0 56
0 45	0 55	0 57	0 58	0 60	0 61	0 63
0 50	0 61	0 63	0 65	0 66	0 68	0 70
0 55	0 67	0 69	0 71	0 73	0 75	0 77
0 60	0 74	0 76	0 78	0 80	0 82	0 84
0 65	0 81	0 82	0 84	0 86	0 89	0 91
0 70	0 86	0 88	0 91	0 93	0 96	0 98
0 75	0 92	0 94	0 97	1 »	1 02	1 05
0 80	0 98	1 01	1 04	1 06	1 09	1 12
0 85	1 04	1 07	1 10	1 13	1 16	1 19
0 90	1 10	1 13	1 17	1 20	1 23	1 26
0 95	1 16	1 20	1 23	1 26	1 30	1 33
1 »	1 22	1 26	1 29	1 33	1 36	1 40
2 »	2 45	2 52	2 59	2 66	2 75	2 80
3 »	3 67	3 78	3 88	3 99	4 09	4 20
4 »	4 90	5 04	5 18	5 32	5 46	5 60
5 »	6 12	6 30	6 47	6 65	6 82	7 »
6 »	7 35	7 56	7 77	7 98	8 19	8 40
7 »	8 57	8 82	9 06	9 31	9 55	9 80
8 »	9 80	10 08	10 36	10 64	10 92	11 20
9 »	11 02	11 34	11 65	11 97	12 28	12 60
10 »	12 25	12 60	12 95	13 30	13 65	14 »
11 »	13 47	13 86	14 24	14 63	15 01	15 40
12 »	14 70	15 12	15 54	15 96	16 38	16 80

LONGUEURS.		41		42		43		44		45		46	
0	05	0	07	0	07	0	08	0	08	0	08	0	08
0	10	0	14	0	15	0	15	0	15	0	16	0	16
0	15	0	22	0	22	0	23	0	23	0	24	0	24
0	20	0	29	0	29	0	30	0	31	0	31	0	32
0	25	0	36	0	37	0	38	0	38	0	39	0	40
0	30	0	43	0	44	0	45	0	46	0	47	0	48
0	35	0	50	0	51	0	53	0	54	0	55	0	56
0	40	0	57	0	59	0	60	0	62	0	63	0	64
0	45	0	65	0	66	0	68	0	69	0	71	0	72
0	50	0	72	0	73	0	75	0	77	0	79	0	80
0	55	0	79	0	81	0	83	0	85	0	87	0	89
0	60	0	86	0	88	0	90	0	92	0	94	0	97
0	65	0	93	0	96	0	98	1	»	1	02	1	05
0	70	1	»	1	03	1	05	1	08	1	10	1	13
0	75	1	08	1	10	1	13	1	15	1	18	1	21
0	80	1	15	1	18	1	20	1	23	1	26	1	29
0	85	1	22	1	25	1	28	1	31	1	34	1	37
0	90	1	29	1	32	1	35	1	39	1	42	1	45
0	95	1	36	1	40	1	43	1	46	1	50	1	53
1	»	1	43	1	47	1	50	1	54	1	57	1	61
2	»	2	87	2	94	3	01	3	08	3	15	3	22
3	»	4	30	4	41	4	51	4	62	4	72	4	83
4	»	5	74	5	88	6	02	6	16	6	30	6	44
5	»	7	17	7	35	7	52	7	70	7	87	8	05
6	»	8	61	8	82	9	03	9	24	9	45	9	66
7	»	10	04	10	29	10	55	10	78	11	02	11	27
8	»	11	48	11	76	12	04	12	32	12	60	12	88
9	»	12	91	13	23	13	54	13	86	14	17	14	49
10	»	14	35	14	70	15	05	15	40	15	75	16	10
11	»	15	78	16	17	16	55	16	94	17	32	17	71
12	»	17	22	17	64	18	06	18	48	18	90	19	32

De 36 centimètres à

LONGUEURS.	36	37	38	39	40	41
0 05	0 06	0 07	0 07	0 07	0 07	0 07
0 10	0 13	0 13	0 14	0 14	0 14	0 15
0 15	0 19	0 20	0 21	0 21	0 22	0 22
0 20	0 26	0 27	0 27	0 28	0 29	0 30
0 25	0 32	0 33	0 34	0 35	0 36	0 37
0 30	0 39	0 40	0 41	0 42	0 43	0 44
0 35	0 45	0 47	0 48	0 49	0 50	0 52
0 40	0 52	0 53	0 55	0 56	0 58	0 59
0 45	0 58	0 60	0 62	0 63	0 65	0 66
0 50	0 65	0 67	0 68	0 70	0 72	0 74
0 55	0 71	0 75	0 75	0 77	0 79	0 81
0 60	0 78	0 80	0 82	0 84	0 86	0 89
0 65	0 84	0 87	0 89	0 91	0 94	0 96
0 70	0 91	0 93	0 96	0 98	1 01	1 03
0 75	0 97	1 »	1 03	1 05	1 08	1 11
0 80	1 04	1 07	1 09	1 12	1 15	1 18
0 85	1 10	1 13	1 16	1 19	1 22	1 25
0 90	1 17	1 20	1 23	1 26	1 30	1 33
0 95	1 23	1 27	1 30	1 33	1 37	1 40
1 »	1 30	1 33	1 37	1 40	1 44	1 48
2 »	2 59	2 66	2 74	2 81	2 88	2 95
3 »	3 89	4 »	4 10	4 21	4 32	4 43
4 »	5 18	5 33	5 47	5 62	5 76	5 90
5 »	6 48	6 66	6 84	7 02	7 20	7 38
6 »	7 78	7 99	8 21	8 42	8 64	8 86
7 »	9 07	9 32	9 58	9 83	10 08	10 33
8 »	10 37	10 66	10 94	11 23	11 52	11 81
9 »	11 66	11 99	12 31	12 64	12 96	13 28
10 »	12 96	13 32	13 68	14 04	14 40	14 76
11 »	14 26	14 66	15 05	15 44	15 84	16 24
12 »	15 55	15 98	16 42	16 85	17 28	17 71

LONGUEURS	42	43	44	45	46	47
0 05	0 08	0 08	0 08	0 08	0 08	0 08
0 10	0 15	0 15	0 16	0 16	0 17	0 17
0 15	0 23	0 23	0 24	0 24	0 25	0 25
0 20	0 30	0 31	0 32	0 32	0 33	0 34
0 25	0 38	0 39	0 40	0 40	0 41	0 42
0 30	0 45	0 46	0 47	0 49	0 50	0 51
0 35	0 53	0 54	0 55	0 57	0 58	0 59
0 40	0 60	0 62	0 63	0 65	0 66	0 68
0 45	0 68	0 70	0 71	0 73	0 75	0 76
0 50	0 76	0 77	0 79	0 81	0 83	0 85
0 55	0 83	0 85	0 87	0 89	0 91	0 93
0 60	0 91	0 93	0 95	0 97	0 99	1 02
0 65	0 98	1 01	1 03	1 05	1 08	1 10
0 70	1 06	1 08	1 11	1 13	1 16	1 18
0 75	1 13	1 16	1 19	1 21	1 24	1 27
0 80	1 21	1 24	1 27	1 30	1 32	1 35
0 85	1 29	1 32	1 35	1 38	1 41	1 44
0 90	1 36	1 39	1 43	1 46	1 49	1 52
0 95	1 44	1 47	1 51	1 54	1 57	1 61
1 »	1 51	1 55	1 58	1 62	1 66	1 69
2 »	3 02	3 10	3 17	3 24	3 31	3 38
3 »	4 54	4 64	4 75	4 86	4 97	5 08
4 »	6 05	6 19	6 34	6 48	6 62	6 77
5 »	7 56	7 74	7 92	8 10	8 28	8 46
6 »	9 07	9 29	9 50	9 72	9 94	10 15
7 »	10 58	10 84	11 09	11 34	11 59	11 84
8 »	12 10	12 38	12 67	12 96	13 25	13 54
9 »	13 61	13 93	14 26	14 58	14 90	15 25
10 »	15 12	15 48	15 84	16 20	16 56	16 92
11 »	16 63	17 03	17 42	17 82	18 22	18 64
12 »	18 14	18 58	19 01	19 44	19 87	20 30

LONGUEURS.	37	38	39	40	41	42
0 05	0 07	0 07	0 07	0 07	0 08	0 08
0 10	0 14	0 14	0 14	0 15	0 15	0 16
0 15	0 21	0 21	0 22	0 22	0 23	0 23
0 20	0 27	0 28	0 29	0 30	0 30	0 31
0 25	0 34	0 35	0 36	0 37	0 38	0 39
0 30	0 41	0 42	0 43	0 44	0 46	0 47
0 35	0 48	0 49	0 50	0 52	0 53	0 54
0 40	0 55	0 56	0 58	0 59	0 61	0 62
0 45	0 62	0 63	0 65	0 67	0 68	0 70
0 50	0 68	0 70	0 72	0 74	0 76	0 78
0 55	0 75	0 77	0 79	0 81	0 83	0 85
0 60	0 82	0 84	0 87	0 89	0 91	0 93
0 65	0 89	0 91	0 94	0 96	0 99	1 01
0 70	0 96	0 98	1 01	1 04	1 06	1 09
0 75	1 03	1 05	1 08	1 11	1 14	1 17
0 80	1 10	1 12	1 15	1 18	1 21	1 24
0 85	1 16	1 20	1 23	1 26	1 29	1 32
0 90	1 23	1 27	1 30	1 33	1 37	1 40
0 95	1 30	1 34	1 37	1 41	1 44	1 48
1 »	1 37	1 41	1 44	1 48	1 52	1 55
2 »	2 74	2 81	2 89	2 96	3 03	3 11
3 »	4 11	4 22	4 33	4 44	4 55	4 66
4 »	5 48	5 62	5 77	5 92	6 07	6 22
5 »	6 84	7 03	7 21	7 40	7 58	7 77
6 »	8 21	8 44	8 66	8 88	9 10	9 32
7 »	9 58	9 84	10 10	10 36	10 62	10 88
8 »	10 95	11 25	11 54	11 84	12 14	12 43
9 »	12 32	12 65	12 99	13 32	13 65	13 99
10 »	13 69	14 06	14 43	14 80	15 17	15 54
11 »	15 06	15 47	15 87	16 28	16 69	17 09
12 »	16 43	16 87	17 32	17 76	18 20	18 65

LONGUEURS		43	44	45	46	47	48
0	05	0 08	0 08	0 08	0 08	0 09	0 09
0	10	0 16	0 16	0 17	0 17	0 17	0 18
0	15	0 24	0 24	0 25	0 26	0 26	0 27
0	20	0 32	0 32	0 33	0 34	0 35	0 36
0	25	0 40	0 41	0 42	0 43	0 43	0 44
0	30	0 48	0 49	0 50	0 51	0 52	0 53
0	35	0 56	0 57	0 58	0 60	0 61	0 62
0	40	0 64	0 65	0 67	0 68	0 70	0 71
0	45	0 72	0 73	0 75	0 77	0 78	0 80
0	50	0 80	0 81	0 83	0 85	0 87	0 89
0	55	0 87	0 89	0 92	0 94	0 96	0 98
0	60	0 95	0 98	1 »	1 02	1 04	1 07
0	65	1 03	1 06	1 08	1 11	1 13	1 15
0	70	1 11	1 14	1 17	1 19	1 22	1 24
0	75	1 19	1 22	1 25	1 28	1 30	1 33
0	80	1 27	1 30	1 33	1 36	1 39	1 42
0	85	1 35	1 38	1 42	1 45	1 48	1 51
0	90	1 43	1 47	1 50	1 53	1 57	1 60
0	95	1 51	1 55	1 58	1 62	1 65	1 69
1	»	1 60	1 63	1 66	1 70	1 74	1 78
2	»	3 18	3 26	3 33	3 40	3 48	3 55
3	»	4 77	4 88	4 99	5 11	5 22	5 33
4	»	6 36	6 51	6 66	6 81	6 96	7 10
5	»	7 95	8 14	8 32	8 51	8 69	8 88
6	»	9 55	9 77	9 99	10 21	10 43	10 66
7	»	11 14	11 40	11 65	11 91	12 17	12 43
8	»	12 73	13 02	13 32	13 62	13 91	14 21
9	»	14 32	14 65	14 98	15 32	15 65	15 98
10	»	15 91	16 28	16 65	17 02	17 39	17 76
11	»	17 51	17 91	18 31	18 72	19 13	19 54
12	»	19 09	19 54	19 98	20 42	20 87	21 31

LONGUEURS.	38	39	40	41	42	43
0 05	0 07	0 07	0 08	0 08	0 08	0 08
0 10	0 14	0 15	0 15	0 16	0 16	0 16
0 15	0 22	0 22	0 23	0 25	0 24	0 25
0 20	0 29	0 30	0 30	0 31	0 32	0 33
0 25	0 36	0 37	0 38	0 39	0 40	0 41
0 30	0 43	0 44	0 46	0 47	0 48	0 49
0 35	0 51	0 52	0 53	0 55	0 56	0 57
0 40	0 58	0 59	0 61	0 62	0 64	0 65
0 45	0 65	0 67	0 68	0 70	0 72	0 74
0 50	0 72	0 74	0 76	0 78	0 80	0 82
0 55	0 79	0 82	0 84	0 86	0 88	0 90
0 60	0 87	0 89	0 91	0 93	0 96	0 98
0 65	0 94	0 96	0 99	1 01	1 04	1 06
0 70	1 01	1 04	1 06	1 09	1 12	1 14
0 75	1 08	1 11	1 14	1 17	1 20	1 23
0 80	1 15	1 19	1 22	1 25	1 28	1 31
0 85	1 23	1 26	1 29	1 32	1 36	1 39
0 90	1 30	1 33	1 37	1 40	1 44	1 47
0 95	1 37	1 41	1 44	1 48	1 52	1 55
1 »	1 44	1 48	1 52	1 56	1 60	1 63
2 »	2 89	2 96	3 04	3 12	3 19	3 27
3 »	4 33	4 45	4 56	4 67	4 79	4 90
4 »	5 77	5 93	6 08	6 23	6 38	6 54
5 »	7 22	7 41	7 60	7 79	7 98	8 17
6 »	8 66	8 89	9 12	9 35	9 58	9 80
7 »	10 11	10 37	10 64	10 91	11 17	11 44
8 »	11 55	11 86	12 16	12 46	12 77	13 07
9 »	13 »	13 34	13 68	14 02	14 36	14 71
10 »	14 44	14 82	15 20	15 58	15 96	16 34
11 »	15 88	16 30	16 72	17 14	17 56	17 97
12 »	17 33	17 78	18 24	18 70	19 15	19 61

LONGUEURS.	44	45	46	47	48	49
0 05	0 08	0 09	0 09	0 09	0 09	0 09
0 10	0 17	0 17	0 17	0 18	0 18	0 19
0 15	0 25	0 26	0 26	0 27	0 27	0 28
0 20	0 33	0 34	0 35	0 36	0 36	0 37
0 25	0 42	0 43	0 44	0 45	0 46	0 46
0 30	0 50	0 51	0 52	0 54	0 55	0 56
0 35	0 59	0 60	0 61	0 63	0 64	0 65
0 40	0 67	0 68	0 70	0 71	0 73	0 74
0 45	0 75	0 77	0 79	0 80	0 82	0 84
0 50	0 84	0 85	0 87	0 89	0 91	0 93
0 55	0 92	0 94	0 96	0 98	1 »	1 02
0 60	1 »	1 03	1 05	1 07	1 09	1 12
0 65	1 09	1 11	1 14	1 16	1 19	1 21
0 70	1 17	1 20	1 22	1 25	1 28	1 30
0 75	1 25	1 28	1 31	1 34	1 37	1 40
0 80	1 34	1 37	1 40	1 43	1 46	1 49
0 85	1 42	1 45	1 49	1 52	1 55	1 58
0 90	1 50	1 54	1 57	1 61	1 64	1 68
0 95	1 59	1 62	1 66	1 70	1 73	1 77
1 »	1 67	1 71	1 75	1 79	1 82	1 86
2 »	3 34	3 42	3 50	3 57	3 65	3 72
3 »	5 02	5 13	5 24	5 36	5 47	5 59
4 »	6 69	6 84	6 99	7 14	7 30	7 45
5 »	8 36	8 55	8 74	8 93	9 12	9 31
6 »	10 03	10 26	10 49	10 72	10 94	11 17
7 »	11 70	11 97	12 24	12 50	12 77	13 03
8 »	13 38	13 68	13 98	14 29	14 59	14 90
9 »	15 05	15 39	15 73	16 07	16 42	16 76
10 »	16 72	17 10	17 48	17 86	18 24	18 62
11 »	18 39	18 81	19 23	19 65	20 06	20 48
12 »	20 06	20 52	20 98	21 45	21 89	22 34

LONGUEURS.	39		40		41		42		43		44	
0 05	0	08	0	08	0	08	0	08	0	08	0	09
0 10	0	15	0	16	0	16	0	16	0	17	0	17
0 15	0	23	0	23	0	24	0	25	0	25	0	26
0 20	0	30	0	31	0	32	0	33	0	34	0	34
0 25	0	38	0	39	0	40	0	41	0	42	0	43
0 30	0	46	0	47	0	48	0	49	0	50	0	51
0 35	0	53	0	55	0	56	0	57	0	59	0	60
0 40	0	61	0	62	0	64	0	66	0	67	0	69
0 45	0	68	0	70	0	72	0	74	0	76	0	77
0 50	0	76	0	78	0	80	0	82	0	84	0	86
0 55	0	84	0	86	0	88	0	90	0	92	0	94
0 60	0	91	0	94	0	96	0	98	1	01	1	03
0 65	0	99	1	01	1	04	1	06	1	09	1	12
0 70	1	06	1	09	1	12	1	15	1	17	1	20
0 75	1	14	1	17	1	20	1	23	1	26	1	29
0 80	1	22	1	25	1	28	1	31	1	34	1	37
0 85	1	29	1	33	1	36	1	39	1	43	1	46
0 90	1	37	1	40	1	44	1	47	1	51	1	54
0 95	1	44	1	48	1	52	1	56	1	59	1	63
1 »	1	52	1	56	1	60	1	64	1	68	1	72
2 »	3	04	3	12	3	20	3	28	3	35	3	43
3 »	4	56	4	68	4	80	4	91	5	03	5	15
4 »	6	08	6	24	6	40	6	55	6	71	6	86
5 »	7	60	7	80	7	99	8	19	8	38	8	58
6 »	9	13	9	36	9	59	9	85	10	06	10	30
7 »	10	65	10	92	11	19	11	47	11	74	12	01
8 »	12	17	12	48	12	79	13	10	13	42	13	73
9 »	13	69	14	04	14	39	14	74	15	09	15	44
10 »	15	21	15	60	15	99	16	38	16	77	17	16
11 »	16	73	17	16	17	59	18	02	18	45	18	88
12 »	18	25	18	72	19	19	19	66	20	12	20	59

LONGUEURS.	45	46	47	48	49	50
0 05	0 09	0 09	0 09	0 09	0 10	0 10
0 10	0 18	0 18	0 18	0 19	0 19	0 19
0 15	0 26	0 27	0 27	0 28	0 29	0 29
0 20	0 55	0 56	0 37	0 37	0 38	0 39
0 25	0 44	0 45	0 46	0 47	0 48	0 49
0 30	0 55	0 54	0 55	0 56	0 57	0 58
0 35	0 61	0 63	0 64	0 66	0 67	0 68
0 40	0 70	0 72	0 73	0 75	0 76	0 78
0 45	0 79	0 81	0 82	0 84	0 86	0 88
0 50	0 88	0 90	0 92	0 94	0 96	0 97
0 55	0 97	0 99	1 01	1 03	1 05	1 07
0 60	1 05	1 08	1 10	1 12	1 15	1 17
0 65	1 14	1 17	1 19	1 22	1 24	1 27
0 70	1 23	1 26	1 28	1 31	1 54	1 56
0 75	1 32	1 35	1 37	1 40	1 43	1 46
0 80	1 40	1 43	1 47	1 50	1 55	1 56
0 85	1 49	1 52	1 56	1 59	1 62	1 66
0 90	1 58	1 61	1 65	1 68	1 72	1 75
0 95	1 67	1 70	1 74	1 78	1 82	1 85
1 »	1 75	1 79	1 85	1 87	1 91	1 95
2 »	3 51	3 59	3 67	3 74	3 82	3 90
3 »	5 26	5 38	5 50	5 62	5 73	5 85
4 »	7 02	7 18	7 33	7 49	7 64	7 80
5 »	8 77	8 97	9 16	9 36	9 55	9 75
6 »	10 53	10 76	11 »	11 23	11 47	11 70
7 »	12 28	12 56	12 85	15 10	13 58	13 65
8 »	14 04	14 35	14 66	14 98	15 29	15 60
9 »	15 79	16 15	16 50	16 85	17 20	17 55
10 »	17 55	17 94	18 33	18 72	19 11	19 50
11 »	19 50	19 73	20 16	20 59	21 02	21 45
12 »	21 06	21 53	22 »	22 46	22 93	23 40

LONGUEURS	40	41	42	43	44	45
0 05	0 08	0 08	0 08	0 09	0 09	0 09
0 10	0 16	0 16	0 17	0 17	0 18	0 18
0 15	0 24	0 25	0 25	0 26	0 26	0 27
0 20	0 32	0 33	0 34	0 34	0 35	0 36
0 25	0 40	0 41	0 42	0 43	0 44	0 45
0 30	0 48	0 49	0 50	0 52	0 53	0 54
0 35	0 56	0 57	0 58	0 60	0 62	0 63
0 40	0 64	0 66	0 67	0 69	0 70	0 72
0 45	0 72	0 74	0 76	0 77	0 79	0 81
0 50	0 80	0 82	0 84	0 86	0 88	0 90
0 55	0 88	0 90	0 92	0 95	0 97	0 99
0 60	0 96	0 98	1 01	1 03	1 06	1 08
0 65	1 04	1 07	1 09	1 12	1 14	1 17
0 70	1 12	1 15	1 18	1 20	1 23	1 26
0 75	1 20	1 23	1 26	1 29	1 32	1 35
0 80	1 28	1 31	1 34	1 38	1 41	1 44
0 85	1 36	1 39	1 43	1 46	1 50	1 53
0 90	1 44	1 48	1 51	1 55	1 58	1 62
0 95	1 52	1 56	1 60	1 63	1 67	1 71
1 »	1 60	1 64	1 68	1 72	1 76	1 80
2 »	3 20	3 28	3 36	3 44	3 52	3 60
3 »	4 80	4 92	5 04	5 16	5 28	5 40
4 »	6 40	6 56	6 72	6 88	7 04	7 20
5 »	8 »	8 20	8 40	8 60	8 80	9 »
6 »	9 60	9 84	10 08	10 32	10 56	10 80
7 »	11 20	11 48	11 76	12 04	12 32	12 60
8 »	12 80	13 12	13 44	13 76	14 08	14 40
9 »	14 40	14 76	15 12	15 48	15 84	16 20
10 »	16 »	16 40	16 80	17 20	17 60	18 »
11 »	17 60	18 04	18 48	18 92	19 36	19 80
12 »	19 20	19 68	20 16	20 64	21 12	21 60

LONGUEURS	46	47	48	49	50	51
0 05	0 09	0 09	0 10	0 10	0 10	0 10
0 10	0 18	0 18	0 19	0 20	0 20	0 20
0 15	0 28	0 28	0 29	0 29	0 30	0 31
0 20	0 37	0 38	0 38	0 39	0 40	0 41
0 25	0 46	0 47	0 48	0 49	0 50	0 51
0 30	0 55	0 56	0 58	0 59	0 60	0 61
0 35	0 64	0 66	0 67	0 69	0 70	0 71
0 40	0 74	0 75	0 77	0 78	0 80	0 82
0 45	0 83	0 85	0 86	0 88	0 90	0 92
0 50	0 92	0 94	0 96	0 98	1 »	1 02
0 55	1 01	1 03	1 06	1 08	1 10	1 12
0 60	1 10	1 13	1 15	1 18	1 20	1 22
0 65	1 20	1 22	1 25	1 27	1 30	1 33
0 70	1 29	1 32	1 34	1 37	1 40	1 43
0 75	1 38	1 41	1 44	1 47	1 50	1 53
0 80	1 47	1 50	1 54	1 57	1 60	1 63
0 85	1 56	1 60	1 63	1 67	1 70	1 73
0 90	1 66	1 69	1 75	1 76	1 80	1 84
0 95	1 75	1 79	1 82	1 86	1 90	1 94
1 »	1 84	1 88	1 92	1 96	2 »	2 04
2 »	3 68	3 76	3 84	3 92	4 »	4 08
3 »	5 52	5 64	5 76	5 88	6 »	6 12
4 »	7 36	7 52	7 68	7 84	8 »	8 16
5 »	9 20	9 40	9 60	9 80	10 »	10 20
6 »	11 04	11 28	11 52	11 76	12 »	12 24
7 »	12 88	13 16	13 44	13 72	14 »	14 28
8 »	14 72	15 04	15 36	15 68	16 »	16 32
9 »	16 56	16 92	17 28	17 64	18 »	18 36
10 »	18 40	18 80	19 20	19 60	20 »	20 40
11 »	20 24	20 68	21 12	21 56	22 »	22 44
12 »	22 08	22 56	23 04	23 52	24 »	24 48

LONGUEURS	41	42	43	44	45	46
0 05	0 08	0 09	0 09	0 09	0 09	0 09
0 10	0 17	0 17	0 18	0 18	0 18	0 19
0 15	0 25	0 26	0 26	0 27	0 28	0 28
0 20	0 34	0 34	0 35	0 36	0 37	0 38
0 25	0 42	0 43	0 44	0 45	0 46	0 47
0 30	0 50	0 52	0 53	0 54	0 55	0 57
0 35	0 59	0 60	0 62	0 63	0 64	0 66
0 40	0 67	0 69	0 71	0 72	0 74	0 75
0 45	0 76	0 77	0 79	0 81	0 83	0 85
0 50	0 84	0 86	0 88	0 90	0 92	0 94
0 55	0 92	0 95	0 97	0 99	1 01	1 04
0 60	1 01	1 03	1 06	1 08	1 11	1 13
0 65	1 09	1 12	1 15	1 17	1 20	1 23
0 70	1 18	1 21	1 23	1 26	1 29	1 32
0 75	1 26	1 29	1 32	1 35	1 38	1 41
0 80	1 34	1 38	1 41	1 44	1 48	1 51
0 85	1 43	1 46	1 50	1 54	1 57	1 60
0 90	1 51	1 55	1 58	1 62	1 66	1 70
0 95	1 60	1 64	1 67	1 71	1 75	1 79
1 »	1 68	1 72	1 76	1 80	1 84	1 89
2 »	3 36	3 44	3 53	3 61	3 69	3 77
3 »	5 04	5 17	5 29	5 41	5 53	5 66
4 »	6 72	6 89	7 05	7 22	7 38	7 54
5 »	8 40	8 61	8 81	9 02	9 22	9 43
6 »	10 09	10 33	10 58	10 82	11 07	11 32
7 »	11 77	12 05	12 34	12 63	12 91	13 20
8 »	13 45	13 78	14 10	14 43	14 76	15 09
9 »	15 13	15 50	15 87	16 24	16 60	16 97
10 »	16 81	17 22	17 63	18 04	18 45	18 86
11 »	18 49	18 94	19 39	19 84	20 29	20 75
12 »	20 17	20 66	21 16	21 65	22 14	22 63

LONGUEURS.	42		43		44		45		46		47	
0 05	0	09	0	09	0	09	0	09	0	10	0	10
0 10	0	18	0	18	0	18	0	19	0	19	0	20
0 15	0	26	0	27	0	28	0	28	0	29	0	30
0 20	0	35	0	36	0	37	0	38	0	39	0	39
0 25	0	44	0	45	0	46	0	47	0	48	0	49
0 30	0	53	0	54	0	55	0	57	0	58	0	59
0 35	0	62	0	63	0	65	0	66	0	68	0	69
0 40	0	71	0	72	0	74	0	76	0	77	0	79
0 45	0	79	0	81	0	83	0	85	0	87	0	89
0 50	0	88	0	90	0	92	0	94	0	97	0	99
0 55	0	97	0	99	1	02	1	04	1	06	1	09
0 60	1	06	1	08	1	11	1	13	1	16	1	18
0 65	1	15	1	17	1	20	1	23	1	26	1	28
0 70	1	23	1	26	1	29	1	32	1	35	1	38
0 75	1	32	1	35	1	39	1	42	1	45	1	48
0 80	1	41	1	44	1	48	1	51	1	55	1	58
0 85	1	50	1	54	1	57	1	61	1	64	1	68
0 90	1	59	1	63	1	66	1	70	1	74	1	78
0 95	1	68	1	72	1	76	1	80	1	84	1	88
1 »	1	76	1	81	1	85	1	89	1	93	1	97
2 »	3	53	3	61	3	70	3	78	3	86	3	95
3 »	5	29	5	42	5	54	5	67	5	80	5	92
4 »	7	06	7	22	7	39	7	56	7	73	7	90
5 »	8	82	9	03	9	24	9	45	9	66	9	87
6 »	10	58	10	84	11	09	11	34	11	59	11	84
7 »	12	35	12	64	12	94	13	23	13	52	13	82
8 »	14	11	14	45	14	78	15	12	15	46	15	79
9 »	15	88	16	25	16	63	17	01	17	39	17	77
10 »	17	64	18	06	18	48	18	90	19	32	19	74
11 »	19	40	19	87	20	33	20	79	21	25	21	71
12 »	21	17	21	67	22	18	22	68	23	18	23	69

LONGUEURS.	43	44	45	46	47	48
0 05	0 09	0 09	0 10	0 10	0 10	0 10
0 10	0 18	0 19	0 19	0 20	0 20	0 21
0 15	0 28	0 28	0 29	0 30	0 30	0 31
0 20	0 37	0 38	0 39	0 40	0 40	0 41
0 25	0 46	0 47	0 48	0 49	0 51	0 52
0 30	0 55	0 57	0 58	0 59	0 61	0 62
0 35	0 65	0 66	0 68	0 69	0 71	0 72
0 40	0 74	0 76	0 77	0 79	0 81	0 83
0 45	0 83	0 85	0 87	0 89	0 91	0 93
0 50	0 92	0 95	0 97	0 99	1 01	1 03
0 55	1 02	1 04	1 06	1 09	1 11	1 14
0 60	1 11	1 14	1 16	1 19	1 21	1 24
0 65	1 20	1 25	1 26	1 29	1 31	1 34
0 70	1 29	1 32	1 35	1 38	1 41	1 44
0 75	1 39	1 42	1 45	1 48	1 52	1 55
0 80	1 48	1 51	1 55	1 58	1 62	1 65
0 85	1 57	1 61	1 64	1 68	1 72	1 75
0 90	1 66	1 70	1 74	1 78	1 82	1 86
0 95	1 76	1 80	1 84	1 88	1 92	1 96
1 »	1 85	1 89	1 93	1 98	2 02	2 06
2 »	3 70	3 78	3 87	3 96	4 04	4 13
3 »	5 55	5 68	5 80	5 93	6 06	6 19
4 »	7 40	7 57	7 74	7 91	8 08	8 26
5 »	9 24	9 46	9 67	9 89	10 10	10 32
6 »	11 09	11 35	11 61	11 87	12 13	12 38
7 »	12 94	13 24	13 54	13 85	14 15	14 45
8 »	14 79	15 14	15 48	15 82	16 17	16 51
9 »	16 64	17 03	17 41	17 80	18 19	18 58
10 »	18 49	18 92	19 35	19 78	20 21	20 64
11 »	20 34	20 81	21 28	21 76	22 23	22 70
12 »	22 19	22 70	23 22	23 74	24 25	24 77

LONGUEURS.	44	45	46	47	48	49
0 05	0 10	0 10	0 10	0 10	0 11	0 11
0 10	0 19	0 20	0 20	0 21	0 21	0 22
0 15	0 29	0 30	0 30	0 31	0 3.	0 32
0 20	0 39	0 40	0 40	0 41	0 42	0 43
0 25	0 48	0 49	0 51	0 52	0 53	0 54
0 30	0 58	0 59	0 61	0 62	0 63	0 65
0 35	0 68	0 69	0 71	0 73	0 74	0 75
0 40	0 74	0 79	0 81	0 83	0 84	0 86
0 45	0 87	0 89	0 91	0 93	0 95	0 97
0 50	0 97	0 99	1 01	1 03	1 06	1 08
0 55	1 06	1 09	1 11	1 14	1 16	1 19
0 60	1 16	1 19	1 21	1 24	1 27	1 29
0 65	1 26	1 29	1 32	1 34	1 37	1 40
0 70	1 36	1 39	1 42	1 45	1 48	1 51
0 75	1 45	1 48	1 52	1 55	1 58	1 62
0 80	1 55	1 58	1 62	1 65	1 69	1 72
0 85	1 65	1 68	1 72	1 76	1 80	1 85
0 90	1 74	1 78	1 82	1 86	1 90	1 94
0 95	1 84	1 88	1 92	1 96	2 01	2 05
1 »	1 94	1 98	2 02	2 07	2 11	2 16
2 »	3 87	3 96	4 05	4 14	4 22	4 31
3 »	5 81	5 94	6 07	6 20	6 34	6 47
4 »	7 74	7 92	8 10	8 27	8 45	8 62
5 »	9 68	9 90	10 12	10 34	10 56	10 78
6 »	11 62	11 88	12 14	12 41	12 67	12 94
7 »	13 55	13 86	14 17	14 48	14 78	15 09
8 »	15 49	15 84	16 19	16 54	16 90	17 25
9 »	17 42	17 82	18 22	18 61	19 01	19 40
10 »	19 36	19 80	20 24	20 68	21 12	21 56
11 »	21 30	21 78	22 26	22 75	23 23	23 72
12 »	23 23	23 76	24 29	24 82	25 34	25 87

LONGUEURS.	45	46	47	48	49	50
0 05	0 10	0 10	0 11	0 11	0 11	0 11
0 10	0 20	0 21	0 21	0 22	0 22	0 22
0 15	0 30	0 31	0 32	0 32	0 33	0 34
0 20	0 40	0 41	0 42	0 43	0 44	0 45
0 25	0 51	0 52	0 53	0 54	0 55	0 56
0 30	0 61	0 62	0 63	0 65	0 66	0 67
0 35	0 71	0 72	0 74	0 76	0 77	0 79
0 40	0 81	0 83	0 85	0 86	0 88	0 90
0 45	0 91	0 95	0 95	0 97	0 99	1 01
0 50	1 01	1 03	1 06	1 08	1 10	1 12
0 55	1 11	1 14	1 16	1 19	1 21	1 24
0 60	1 21	1 24	1 27	1 30	1 32	1 35
0 65	1 32	1 35	1 37	1 40	1 45	1 46
0 70	1 42	1 45	1 48	1 51	1 54	1 57
0 75	1 52	1 55	1 59	1 62	1 65	1 69
0 80	1 62	1 66	1 69	1 73	1 76	1 80
0 85	1 72	1 76	1 80	1 84	1 87	1 91
0 90	1 82	1 86	1 90	1 94	1 98	2 02
0 95	1 92	1 97	2 01	2 05	2 09	2 14
1 »	2 02	2 07	2 11	2 16	2 20	2 25
2 »	4 05	4 14	4 23	4 32	4 41	4 50
3 »	6 07	6 21	6 34	6 48	6 61	6 75
4 »	8 10	8 28	8 46	8 64	8 82	9 »
5 »	10 12	10 35	10 57	10 80	11 02	11 25
6 »	12 15	12 42	12 69	12 96	13 23	13 50
7 »	14 17	14 49	14 80	15 12	15 43	15 75
8 »	16 20	16 56	16 92	17 28	17 64	18 »
9 »	18 22	18 63	19 03	19 44	19 84	20 25
10 »	20 25	20 70	21 15	21 60	22 05	22 50
11 »	22 27	22 77	23 26	23 76	24 25	24 75
12 »	24 30	24 84	25 38	25 92	26 46	27 »

LONGUEURS	46	47	48	49	50	51
0 05	0 11	0 11	0 11	0 11	0 11	0 12
0 10	0 21	0 22	0 22	0 23	0 23	0 23
0 15	0 32	0 32	0 33	0 34	0 34	0 35
0 20	0 42	0 43	0 44	0 45	0 46	0 47
0 25	0 53	0 54	0 55	0 56	0 57	0 59
0 30	0 63	0 65	0 66	0 68	0 69	0 71
0 35	0 74	0 76	0 77	0 79	0 80	0 82
0 40	0 85	0 86	0 88	0 90	0 92	0 94
0 45	0 95	0 97	0 99	1 01	1 03	1 06
0 50	1 06	1 08	1 10	1 13	1 15	1 17
0 55	1 16	1 19	1 21	1 24	1 26	1 29
0 60	1 27	1 30	1 32	1 35	1 38	1 41
0 65	1 38	1 41	1 44	1 47	1 49	1 52
0 70	1 48	1 51	1 55	1 58	1 61	1 64
0 75	1 59	1 62	1 66	1 69	1 72	1 76
0 80	1 69	1 73	1 77	1 80	1 84	1 88
0 85	1 80	1 84	1 88	1 92	1 95	1 99
0 90	1 90	1 95	1 99	2 03	2 07	2 11
0 95	2 01	2 05	2 10	2 14	2 18	2 23
1 »	2 12	2 16	2 21	2 25	2 30	2 33
2 »	4 23	4 32	4 42	4 51	4 60	4 69
3 »	6 35	6 49	6 62	6 76	6 90	7 04
4 »	8 46	8 65	8 83	9 02	9 20	9 38
5 »	10 58	10 81	11 04	11 27	11 50	11 73
6 »	12 70	12 97	13 25	13 52	13 80	14 08
7 »	14 81	15 13	15 46	15 78	16 10	16 42
8 »	16 93	17 30	17 66	18 05	18 40	18 77
9 »	19 04	19 46	19 87	20 29	20 70	21 11
10 »	21 16	21 62	22 08	22 54	23 »	23 46
11 »	23 28	23 78	24 29	24 79	25 30	25 81
12 »	25 39	25 94	26 50	27 05	27 60	28 15

LONGUEURS.	47	48	49	50	51	52
0 05	0 11	0 11	0 12	0 12	0 12	0 12
0 10	0 22	0 23	0 23	0 23	0 24	0 24
0 15	0 33	0 34	0 35	0 35	0 36	0 37
0 20	0 44	0 45	0 46	0 47	0 48	0 49
0 25	0 55	0 56	0 58	0 59	0 60	0 61
0 30	0 66	0 68	0 69	0 70	0 72	0 73
0 35	0 77	0 79	0 81	0 82	0 84	0 86
0 40	0 88	0 90	0 92	0 94	1 96	0 98
0 45	0 99	1 02	1 04	1 06	1 08	1 10
0 50	1 10	1 15	1 15	1 17	1 20	1 22
0 55	1 21	1 24	1 27	1 29	1 32	1 34
0 60	1 33	1 35	1 38	1 41	1 44	1 47
0 65	1 44	1 47	1 50	1 53	1 56	1 59
0 70	1 55	1 58	1 61	1 64	1 68	1 71
0 75	1 66	1 69	1 73	1 76	1 80	1 83
0 80	1 77	1 80	1 84	1 88	1 92	1 96
0 85	1 88	1 92	1 96	2 »	2 04	2 08
0 90	1 99	2 05	2 07	2 11	2 16	2 20
0 95	2 10	2 14	2 19	2 23	2 28	2 32
1 »	2 21	2 26	2 30	2 35	2 40	2 44
2 »	4 42	4 51	4 61	4 70	4 79	4 89
3 »	6 63	6 77	6 91	7 05	7 19	7 33
4 »	8 84	9 02	9 21	9 40	9 59	9 78
5 »	11 04	11 28	11 51	11 75	11 98	12 22
6 »	13 25	13 54	13 82	14 10	14 38	14 66
7 »	15 46	15 79	16 12	16 45	16 78	17 11
8 »	17 67	18 03	18 42	18 80	19 18	19 55
9 »	19 88	20 30	20 73	21 15	21 57	22 »
10 »	22 09	22 56	25 05	25 50	25 97	24 44
11 »	24 50	24 86	25 33	25 83	26 37	26 88
12 »	26 51	27 07	27 64	28 20	28 76	29 33

LONGUEURS	48	49	50	51	52	53
0 05	0 12	0 12	0 12	0 12	0 12	0 13
0 10	0 23	0 24	0 24	0 24	0 25	0 25
0 15	0 35	0 35	0 36	0 37	0 37	0 38
0 20	0 46	0 47	0 48	0 49	0 50	0 51
0 25	0 58	0 59	0 60	0 61	0 62	0 64
0 30	0 69	0 71	0 72	0 73	0 75	0 76
0 35	0 81	0 82	0 84	0 86	0 87	0 89
0 40	0 92	0 94	0 96	0 98	1 »	1 02
0 45	1 04	1 06	1 08	1 10	1 12	1 14
0 50	1 15	1 18	1 20	1 22	1 25	1 27
0 55	1 27	1 29	1 32	1 35	1 37	1 40
0 60	1 38	1 41	1 44	1 47	1 50	1 53
0 65	1 50	1 53	1 56	1 59	1 62	1 65
0 70	1 61	1 65	1 68	1 71	1 75	1 78
0 75	1 73	1 76	1 80	1 84	1 87	1 91
0 80	1 84	1 88	1 92	1 96	2 »	2 04
0 85	1 96	2 »	2 04	2 08	2 12	2 16
0 90	2 07	2 12	2 16	2 20	2 25	2 29
0 95	2 19	2 23	2 28	2 32	2 37	2 42
1 »	2 30	2 35	2 40	2 45	2 50	2 54
2 »	4 61	4 70	4 80	4 90	4 99	5 09
3 »	6 91	7 06	7 20	7 34	7 49	7 63
4 »	9 22	9 41	9 60	9 79	9 98	10 18
5 »	11 52	11 76	12 »	12 24	12 48	12 72
6 »	13 82	14 11	14 40	14 69	14 98	15 26
7 »	16 13	16 46	16 80	17 14	17 47	17 81
8 »	18 45	18 82	19 20	19 58	19 97	20 35
9 »	20 74	21 17	21 60	22 03	22 46	22 90
10 »	23 04	23 52	24 »	24 48	24 96	25 44
11 »	25 34	25 87	26 40	26 93	27 46	27 98
12 »	27 65	28 22	28 80	29 58	29 95	30 55

LONGUEURS.	49	50	51	52	53	54
0 05	0 12	0 12	0 12	0 13	0 13	0 13
0 10	0 24	0 24	0 25	0 25	0 26	0 26
0 15	0 36	0 37	0 37	0 38	0 39	0 40
0 20	0 48	0 49	0 50	0 51	0 52	0 53
0 25	0 60	0 61	0 62	0 64	0 65	0 66
0 30	0 72	0 73	0 75	0 76	0 78	0 79
0 35	0 84	0 86	0 87	0 89	0 91	0 93
0 40	0 96	0 98	1 »	1 02	1 04	1 06
0 45	1 08	1 10	1 12	1 15	1 17	1 19
0 50	1 20	1 22	1 25	1 27	1 30	1 32
0 55	1 32	1 35	1 37	1 40	1 43	1 46
0 60	1 44	1 47	1 50	1 53	1 56	1 59
0 65	1 56	1 59	1 62	1 66	1 69	1 72
0 70	1 68	1 71	1 75	1 78	1 82	1 85
0 75	1 80	1 84	1 87	1 91	1 95	1 98
0 80	1 92	1 96	2 »	2 04	2 08	2 12
0 85	2 04	2 08	2 12	2 16	2 21	2 25
0 90	2 16	2 21	2 25	2 29	2 34	2 38
0 95	2 28	2 33	2 38	2 42	2 47	2 51
1 »	2 40	2 45	2 50	2 55	2 60	2 65
2 »	4 80	4 90	5 »	5 10	5 19	5 29
3 »	7 20	7 35	7 50	7 64	7 79	7 94
4 »	9 60	9 80	10 »	10 19	10 39	10 58
5 »	12 »	12 25	12 49	12 74	12 98	13 23
6 »	14 41	14 70	14 99	15 29	15 58	15 88
7 »	16 81	17 15	17 49	17 84	18 18	18 52
8 »	19 21	19 60	19 99	20 38	20 78	21 17
9 »	21 61	22 05	22 49	22 93	23 37	23 81
10 »	24 01	24 50	24 99	25 48	25 97	26 46
11 »	26 41	26 95	27 49	28 03	28 57	29 11
12 »	28 81	29 40	29 99	30 58	31 16	31 75

LONGUEURS	50		51		52		53		54		55	
0 05	0	12	0	13	0	13	0	13	0	13	0	14
0 10	0	25	0	25	0	26	0	26	0	27	0	27
0 15	0	37	0	38	0	39	0	40	0	40	0	41
0 20	0	50	0	51	0	52	0	53	0	54	0	55
0 25	0	62	0	64	0	65	0	66	0	67	0	69
0 30	0	75	0	76	0	78	0	79	0	81	0	82
0 35	0	87	0	89	0	91	0	93	0	94	0	96
0 40	1	»	1	02	1	04	1	06	1	08	1	10
0 45	1	12	1	15	1	17	1	19	1	21	1	24
0 50	1	25	1	27	1	30	1	32	1	35	1	37
0 55	1	37	1	40	1	43	1	46	1	48	1	51
0 60	1	50	1	53	1	56	1	59	1	62	1	65
0 65	1	62	1	66	1	69	1	72	1	75	1	79
0 70	1	75	1	78	1	82	1	85	1	89	1	92
0 75	1	87	1	91	1	95	1	99	2	02	2	06
0 80	2	»	2	04	2	08	2	12	2	16	2	20
0 85	2	12	2	17	2	21	2	25	2	29	2	34
0 90	2	25	2	29	2	34	2	38	2	43	2	47
0 95	2	37	2	42	2	47	2	52	2	56	2	61
1 »	2	50	2	55	2	60	2	65	2	70	2	75
2 »	5	»	5	10	5	20	5	30	5	40	5	50
3 »	7	50	7	65	7	80	7	95	8	10	8	25
4 »	10	»	10	20	10	40	10	60	10	80	11	»
5 »	12	50	12	75	13	»	13	25	13	50	13	75
6 »	15	»	15	30	15	60	15	90	16	20	16	50
7 »	17	50	17	85	18	20	18	55	18	90	19	25
8 »	20	»	20	40	20	80	21	20	21	60	22	»
9 »	22	50	22	95	23	40	23	85	24	30	24	75
10 »	25	»	25	50	26	»	26	50	27	»	27	50
11 »	27	50	28	05	28	60	29	15	29	70	30	25
12 »	30	»	30	60	31	20	31	80	32	40	33	»

De 51 centimètres à

LONGUEURS.		51		52		53		54		55		56	
0	05	0	13	0	13	0	14	0	14	0	14	0	14
0	10	0	26	0	27	0	27	0	27	0	28	0	29
0	15	0	39	0	40	0	41	0	41	0	42	0	43
0	20	0	52	0	53	0	54	0	55	0	56	0	57
0	25	0	65	0	66	0	68	0	69	0	70	0	71
0	30	0	78	0	80	0	81	0	83	0	84	0	86
0	35	0	91	0	93	0	95	0	96	0	98	1	»
0	40	1	04	1	06	1	08	1	10	1	12	1	14
0	45	1	17	1	19	1	22	1	24	1	26	1	29
0	50	1	30	1	33	1	35	1	37	1	40	1	43
0	55	1	43	1	46	1	49	1	51	1	54	1	57
0	60	1	56	1	59	1	62	1	65	1	68	1	71
0	65	1	69	1	72	1	76	1	79	1	82	1	86
0	70	1	82	1	86	1	89	1	93	1	96	2	»
0	75	1	95	1	99	2	03	2	07	2	10	2	14
0	80	2	08	2	12	2	16	2	20	2	24	2	28
0	85	2	21	2	25	2	30	2	34	2	38	2	43
0	90	2	34	2	39	2	43	2	48	2	52	2	57
0	95	2	47	2	52	2	57	2	62	2	66	2	71
1	»	2	60	2	65	2	70	2	75	2	80	2	86
2	»	5	20	5	30	5	41	5	51	5	61	5	71
3	»	7	80	7	96	8	11	8	26	8	41	8	57
4	»	10	40	10	61	10	81	11	02	11	22	11	42
5	»	13	»	13	26	13	51	13	77	14	02	14	28
6	»	15	61	15	91	16	22	16	52	16	83	17	14
7	»	18	21	18	56	18	92	19	28	19	63	19	99
8	»	20	81	21	22	21	62	22	03	22	44	22	85
9	»	23	41	23	87	24	33	24	79	25	24	25	70
10	»	26	01	26	52	27	03	27	54	28	03	28	56
11	»	28	61	29	17	29	73	30	29	30	85	31	42
12	»	31	21	31	82	32	44	33	05	33	66	34	27

LONGUEURS	52	53	54	55	56	57
0 05	0 14	0 14	0 14	0 14	0 15	0 15
0 10	0 27	0 28	0 28	0 29	0 29	0 30
0 15	0 41	0 41	0 42	0 43	0 44	0 44
0 20	0 54	0 55	0 56	0 57	0 58	0 59
0 25	0 68	0 69	0 70	0 71	0 73	0 74
0 30	0 81	0 83	0 84	0 86	0 87	0 89
0 35	0 95	0 96	0 98	1 »	1 02	1 04
0 40	1 08	1 10	1 12	1 14	1 16	1 19
0 45	1 22	1 24	1 26	1 29	1 31	1 33
0 50	1 35	1 38	1 40	1 43	1 46	1 48
0 55	1 49	1 52	1 54	1 57	1 60	1 63
0 60	1 62	1 65	1 68	1 72	1 75	1 78
0 65	1 76	1 79	1 83	1 86	1 89	1 93
0 70	1 89	1 93	1 97	2 »	2 04	2 07
0 75	2 03	2 07	2 11	2 14	2 18	2 22
0 80	2 16	2 20	2 25	2 29	2 33	2 37
0 85	2 30	2 34	2 39	2 43	2 48	2 52
0 90	2 43	2 48	2 53	2 57	2 62	2 67
0 95	2 57	2 62	2 67	2 72	2 77	2 82
1 »	2 70	2 76	2 81	2 86	2 91	2 96
2 »	5 41	5 51	5 62	5 72	5 82	5 93
3 »	8 11	8 27	8 42	8 58	8 74	8 89
4 »	10 82	11 02	11 23	11 44	11 65	11 86
5 »	13 52	13 78	14 04	14 30	14 56	14 82
6 »	16 22	16 54	16 85	17 16	17 47	17 78
7 »	18 93	19 29	19 66	20 02	20 38	20 75
8 »	21 63	22 05	22 46	22 88	23 30	23 71
9 »	24 34	24 80	25 27	25 74	26 21	26 68
10 »	27 04	27 56	28 08	28 60	29 12	29 64
11 »	29 74	30 32	30 89	31 46	32 03	32 60
12 »	32 45	33 07	33 70	34 32	34 94	33 57

 De 53 centimètres à

LONGUEURS.	53	54	55	56	57	58
0 05	0 14	0 14	0 15	0 15	0 15	0 15
0 10	0 28	0 29	0 29	0 30	0 30	0 31
0 15	0 42	0 43	0 44	0 45	0 45	0 46
0 20	0 56	0 57	0 58	0 59	0 60	0 61
0 25	0 70	0 72	0 73	0 74	0 76	0 77
0 30	0 84	0 86	0 87	0.89	0 91	0 92
0 35	0 98	1 «	1 02	1 04	1 06	1 08
0 40	1 12	1 14	1 17	1 19	1 21	1 23
0 45	1 26	1 29	1 31	1 34	1 36	1 38
0 50	1 40	1 43	1 46	1 48	1 51	1 54
0 55	1 54	1 57	1 60	1 63	1 66	1 69
0 60	1 69	1 72	1 75	1 78	1 81	1 84
0 65	1 83	1 86	1 89	1 93	1 96	2 «
0 70	1 97	2 «	2 04	2 08	2 11	2 15
0 75	2 11	2 15	2 19	2 23	2 27	2 31
0 80	2 25	2 29	2 33	2 37	2 42	2 46
0 85	2 39	2 43	2 48	2 52	2.57	2 61
0 90	2 55	2 58	2 62	2 67	2 72	2 77
0 95	2 67	2 72	2 77	2 82	2 87	2 92
1 »	2 81	2 86	2 91	2 97	3 02	3 07
2 »	5 62	5 72	5 83	5 94	6 04	6 15
3 »	8 45	8 59	8 74	8 90	9 06	9 22
4 »	11 24	11 45	11 66	11 87	12 08	12 30
5 »	14 04	14 31	14 57	14 84	15 11	15 37
6 »	16 85	17 17	17 49	17 81	18 13	18 44
7 »	19 66	20 03	20 40	20 78	21 15	21 52
8 »	22 47	22 90	23 32	23 74	24 17	24 59
9 »	25 28	25 76	26 23	26 71	27 19	27 67
10 »	28 09	28 62	29 15	29 68	30 21	30 74
11 »	30 90	31 48	32 06	32 63	33 25	33 81
12 »	33 71	34 34	34 98	35 62	36 25	36 89

LONGUEURS	54	55	56	57	58	59
0 05	0 15	0 15	0 15	0 15	0 16	0 16
0 10	0 29	0 30	0 30	0 31	0 31	0 32
0 15	0 44	0 45	0 45	0 46	0 47	0 48
0 20	0 58	0 59	0 60	0 62	0 63	0 64
0 25	0 73	0 74	0 76	0 77	0 78	0 80
0 30	0 87	0 89	0 91	0 92	0 94	0 96
0 35	1 02	1 04	1 06	1 08	1 10	1 12
0 40	1 17	1 19	1 21	1 23	1 25	1 27
0 45	1 31	1 34	1 36	1 39	1 41	1 43
0 50	1 46	1 48	1 51	1 54	1 57	1 59
0 55	1 60	1 63	1 66	1 69	1 72	1 75
0 60	1 75	1 78	1 81	1 85	1 88	1 91
0 65	1 90	1 93	1 97	2 »	2 04	2 07
0 70	2 04	2 08	2 12	2 15	2 19	2 23
0 75	2 19	2 23	2 27	2 31	2 35	2 39
0 80	2 33	2 38	2 42	2 46	2 51	2 55
0 85	2 48	2 52	2 57	2 62	2 66	2 71
0 90	2 62	2 67	2 72	2 77	2 82	2 87
0 95	2 77	2 82	2 87	2 92	2 98	3 03
1 »	2 92	2 97	3 02	3 08	3 13	3 19
2 »	5 83	5 94	6 05	6 16	6 26	6 37
3 »	8 75	8 91	9 07	9 23	9 40	9 56
4 »	11 66	11 88	12 10	12 31	12 53	12 74
5 »	14 58	14 85	15 12	15 39	15 66	15 93
6 »	17 50	17 82	18 14	18 47	18 79	19 12
7 »	20 41	20 79	21 17	21 55	21 92	22 30
8 »	23 33	23 76	24 19	24 62	25 06	25 49
9 »	26 24	26 75	27 22	27 70	28 19	28 67
10 »	29 16	29 70	30 24	30 78	31 32	31 86
11 »	32 08	32 67	33 26	33 86	34 45	35 05
12 »	34 99	35 64	36 29	36 94	37 58	38 23

De 55 centimètres à

LONGUEURS		55		56		57		58		59		60	
0	05	0	15	0	15	0	16	0	16	0	16	0	16
0	10	0	30	0	31	0	31	0	32	0	32	0	33
0	15	0	45	0	46	0	47	0	48	0	49	0	49
0	20	0	60	0	62	0	63	0	64	0	65	0	66
0	25	0	75	0	77	0	78	0	80	0	81	0	82
0	30	0	91	0	92	0	94	0	96	0	97	0	99
0	35	1	06	1	08	1	10	1	12	1	14	1	15
0	40	1	21	1	23	1	25	1	28	1	30	1	32
0	45	1	36	1	39	1	41	1	44	1	46	1	48
0	50	1	51	1	54	1	57	1	59	1	62	1	65
0	55	1	66	1	69	1	72	1	75	1	78	1	81
0	60	1	81	1	85	1	88	1	91	1	95	1	98
0	65	1	97	2	»	2	04	2	07	2	11	2	14
0	70	2	11	2	16	2	19	2	23	2	27	2	31
0	75	2	27	2	31	2	35	2	39	2	43	2	47
0	80	2	42	2	46	2	51	2	55	2	60	2	64
0	85	2	57	2	62	2	66	2	71	2	76	2	80
0	90	2	72	2	77	2	82	2	87	2	92	2	97
0	95	2	87	2	93	2	98	3	03	3	08	3	13
1	»	3	02	3	08	3	13	3	19	3	24	3	30
2	»	6	05	6	16	6	27	6	38	6	49	6	60
3	»	9	07	9	24	9	40	9	57	9	73	9	90
4	»	12	10	12	32	12	54	12	76	12	98	13	20
5	»	15	12	15	40	15	67	15	95	16	22	16	50
6	»	18	15	18	48	18	81	19	14	19	47	19	80
7	»	21	17	21	56	21	94	22	33	22	71	23	10
8	»	24	20	24	64	25	08	25	52	25	96	26	40
9	»	27	22	27	72	28	21	28	71	29	20	29	70
10	»	30	25	30	80	31	35	31	90	32	45	33	»
11	»	33	27	33	88	34	48	35	09	35	69	36	30
12	»	36	30	36	96	37	62	38	28	38	94	39	60

LONGUEURS		56	57	58	59	60	61
0	05	0 16	0 16	0 16	0 17	0 17	0 17
0	10	0 31	0 32	0 32	0 33	0 34	0 34
0	15	0 47	0 48	0 49	0 50	0 50	0 51
0	20	0 63	0 64	0 65	0 66	0 67	0 68
0	25	0 78	0 80	0 81	0 83	0 84	0 85
0	30	0 94	0 96	0 97	0 99	1 01	1 02
0	35	1 10	1 12	1 14	1 16	1 18	1 20
0	40	1 25	1 28	1 30	1 32	1 34	1 37
0	45	1 41	1 44	1 46	1 49	1 51	1 54
0	50	1 57	1 60	1 62	1 65	1 68	1 71
0	55	1 72	1 76	1 79	1 82	1 85	1 88
0	60	1 88	1 92	1 95	1 98	2 02	2 05
0	65	2 04	2 07	2 11	2 15	2 18	2 22
0	70	2 20	2 23	2 27	2 31	2 35	2 39
0	75	2 35	2 39	2 44	2 48	2 52	2 56
0	80	2 51	2 55	2 60	2 64	2 69	2 73
0	85	2 67	2 71	2 76	2 81	2 86	2 90
0	90	2 82	2 87	2 92	2 97	3 02	3 07
0	95	2 98	3 03	3 09	3 14	3 19	3 24
1	»	3 14	3 19	3 25	3 30	3 36	3 42
2	»	6 27	6 38	6 50	6 61	6 72	6 83
3	»	9 41	9 58	9 74	9 91	10 08	10 25
4	»	12 54	12 77	12 99	13 22	13 44	13 66
5	»	15 68	15 96	16 24	16 52	16 80	17 08
6	»	18 82	19 15	19 49	19 82	20 16	20 50
7	»	21 95	22 34	22 74	23 13	23 52	23 91
8	»	25 09	25 54	25 98	26 43	26 88	27 33
9	»	28 22	28 73	29 23	29 74	30 24	30 74
10	»	31 36	31 92	32 48	33 04	33 60	34 16
11	»	34 50	35 11	35 73	36 34	36 96	37 58
12	»	37 63	38 30	38 98	39 65	40 32	40 99

De 57 centimètres à

LONGUEURS	57	58	59	60	61	62
0 05	0 16	0 17	0 17	0 17	0 17	0 18
0 10	0 32	0 33	0 34	0 34	0 35	0 35
0 15	0 49	0 50	0 50	0 51	0 52	0 53
0 20	0 65	0 66	0 67	0 68	0 70	0 71
0 25	0 81	0 83	0 84	0 85	0 87	0 88
0 30	0 97	0 99	1 01	1 03	1 04	1 06
0 35	1 14	1 16	1 18	1 20	1 22	1 24
0 40	1 30	1 32	1 35	1 37	1 39	1 41
0 45	1 46	1 49	1 51	1 54	1 56	1 59
0 50	1 62	1 65	1 68	1 71	1 74	1 77
0 55	1 79	1 82	1 85	1 88	1 91	1 94
0 60	1 95	1 98	2 02	2 05	2 09	2 12
0 65	2 11	2 15	2 19	2 22	2 26	2 30
0 70	2 27	2 31	2 35	2 39	2 43	2 47
0 75	2 44	2 48	2 52	2 56	2 61	2 65
0 80	2 60	2 64	2 69	2 74	2 78	2 83
0 85	2 76	2 81	2 86	2 91	2 96	3 »
0 90	2 92	2 98	3 03	3 08	3 13	3 18
0 95	3 09	3 14	3 19	3 25	3 30	3 36
1 »	3 25	3 31	3 36	3 42	3 48	3 53
2 »	6 50	6 61	6 73	6 84	6 95	7 07
3 »	9 75	9 92	10 09	10 26	10 43	10 60
4 »	13 »	13 22	13 45	13 68	13 91	14 14
5 »	16 24	16 53	16 81	17 10	17 38	17 67
6 »	19 49	19 84	20 18	20 52	20 86	21 20
7 »	22 74	23 14	23 54	23 94	24 34	24 74
8 »	25 99	26 45	26 90	27 36	27 82	28 27
9 »	29 24	29 75	30 27	30 78	31 29	31 81
10 »	32 49	33 06	33 63	34 20	34 77	35 34
11 »	35 74	36 37	36 99	37 62	38 25	38 87
12 »	38 99	39 67	40 36	41 04	41 72	42 41

LONGUEURS.	58		59		60		61		62		63	
0 05	0	17	0	17	0	17	0	18	0	18	0	18
0 10	0	34	0	34	0	35	0	35	0	36	0	37
0 15	0	50	0	51	0	52	0	53	0	54	0	55
0 20	0	67	0	68	0	70	0	71	0	72	0	73
0 25	0	84	0	85	0	87	0	88	0	90	0	91
0 30	1	01	1	03	1	04	1	06	1	08	1	10
0 35	1	18	1	20	1	22	1	24	1	26	1	28
0 40	1	35	1	37	1	39	1	41	1	44	1	46
0 45	1	51	1	54	1	57	1	59	1	62	1	64
0 50	1	68	1	71	1	74	1	77	1	80	1	83
0 55	1	85	1	88	1	91	1	95	1	98	2	01
0 60	2	02	2	05	2	09	2	12	2	16	2	19
0 65	2	19	2	22	2	26	2	30	2	34	2	37
0 70	2	35	2	40	2	44	2	48	2	52	2	56
0 75	2	52	2	57	2	61	2	65	2	70	2	74
0 80	2	69	2	74	2	78	2	83	2	88	2	92
0 85	2	86	2	91	2	96	3	01	3	06	3	11
0 90	3	03	3	08	3	13	3	18	3	24	3	29
0 95	3	20	3	25	3	31	3	36	3	42	3	47
1 »	3	36	3	42	3	48	3	54	3	60	3	65
2 »	6	73	6	84	6	96	7	08	7	19	7	31
3 »	10	09	10	27	10	44	10	61	10	79	10	96
4 »	13	46	13	69	13	92	14	15	14	38	14	62
5 »	16	82	17	11	17	40	17	69	17	98	18	27
6 »	20	18	20	53	20	88	21	23	21	58	21	92
7 »	23	55	23	95	24	36	24	77	25	17	25	58
8 »	26	91	27	38	27	84	28	30	28	77	29	23
9 »	30	28	30	80	31	32	31	84	32	36	32	89
10 »	33	64	34	22	34	80	35	38	35	96	36	54
11 »	37	»	37	64	38	28	38	92	39	56	40	19
12 »	40	37	41	06	41	76	42	46	43	15	43	85

De 59 centimètres à

LONGUEURS.	59	60	61	62	63	64
0 05	0 17	0 18	0 18	0 18	0 19	0 19
0 10	0 35	0 35	0 36	0 37	0 37	0 38
0 15	0 52	0 53	0 54	0 55	0 56	0 57
0 20	0 70	0 71	0 72	0 73	0 74	0 76
0 25	0 87	0 88	0 90	0 91	0 93	0 94
0 30	1 04	1 06	1 08	1 10	1 11	1 13
0 35	1 22	1 24	1 26	1 28	1 30	1 32
0 40	1 39	1 42	1 44	1 46	1 49	1 51
0 45	1 57	1 59	1 62	1 65	1 67	1 70
0 50	1 74	1 77	1 80	1 83	1 86	1 89
0 55	1 81	1 85	1 98	2 04	2 04	2 08
0 60	2 09	2 12	2 16	2 19	2 23	2 27
0 65	2 26	2 30	2 34	2 38	2 42	2 45
0 70	2 44	2 48	2 52	2 56	2 60	2 64
0 75	2 61	2 65	2 70	2 74	2 79	2 83
0 80	2 78	2 83	2 88	2 93	2 97	3 02
0 85	2 96	3 01	3 06	3 11	3 16	3 21
0 90	3 13	3 19	3 24	3 29	3 35	3 40
0 95	3 31	3 36	3 42	3 47	3 53	3 59
1 »	3 48	3 54	3 60	3 66	3 72	3 78
2 »	6 96	7 08	7 20	7 32	7 43	7 55
3 »	10 44	10 62	10 80	10 97	11 15	11 35
4 »	13 92	14 16	14 40	14 65	14 87	15 10
5 »	17 40	17 70	17 99	18 29	18 58	18 88
6 »	20 89	21 24	21 59	21 95	22 30	22 66
7 »	24 57	24 78	25 19	25 61	26 02	26 43
8 »	27 85	28 32	28 79	29 26	29 74	30 21
9 »	31 33	31 86	32 39	32 92	33 45	33 98
10 »	34 81	35 40	35 99	36 58	37 17	37 76
11 »	38 29	38 94	39 59	40 24	40 89	41 54
12 »	41 77	42 48	43 19	43 90	44 62	45 31

LONGUEURS.	60	61	62	63	64	65
0 05	0 18	0 18	0 19	0 19	0 19	0 19
0 10	0 36	0 37	0 37	0 38	0 38	0 39
0 15	0 54	0 55	0 56	0 57	0 58	0 58
0 20	0 72	0 73	0 74	0 76	0 77	0 78
0 25	0 90	0 91	0 93	0 94	0 96	0 97
0 30	1 08	1 10	1 12	1 13	1 15	1 17
0 35	1 26	1 28	1 30	1 32	1 34	1 36
0 40	1 44	1 46	1 49	1 51	1 54	1 56
0 45	1 62	1 65	1 67	1 70	1 73	1 75
0 50	1 80	1 83	1 86	1 89	1 92	1 95
0 55	1 98	2 01	2 05	2 08	2 11	2 14
0 60	2 16	2 20	2 23	2 27	2 30	2 34
0 65	2 34	2 38	2 42	2 46	2 49	2 53
0 70	2 52	2 56	2 60	2 65	2 69	2 73
0 75	2 70	2 74	2 79	2 83	2 88	2 92
0 80	2 88	2 93	2 98	3 02	3 07	3 12
0 85	3 06	3 11	3 16	3 21	3 26	3 31
0 90	3 24	3 29	3 35	3 40	3 46	3 51
0 95	3 42	3 48	3 53	3 59	3 65	3 70
1 »	3 60	3 66	3 72	3 78	3 84	3 90
2 »	7 20	7 32	7 44	7 56	7 68	7 80
3 »	10 80	10 98	11 16	11 34	11 52	11 70
4 »	14 40	14 64	14 88	15 12	15 36	15 60
5 »	18 »	18 30	18 60	18 90	19 20	19 50
6 »	21 60	21 96	22 32	22 68	23 04	23 40
7 »	25 20	25 62	26 04	26 46	26 88	27 30
8 »	28 80	29 28	29 76	30 24	30 72	31 20
9 »	32 40	32 94	33 48	34 02	34 56	35 10
10 »	36 »	36 60	37 20	37 80	38 40	39 »
11 »	39 60	40 26	40 92	41 58	42 24	42 90
12 »	43 20	43 92	44 64	45 36	46 08	46 80

LONGUEURS.	61	62	63	64	65	66
0 05	0 19	0 19	0 19	0 20	0 20	0 20
0 10	0 37	0 38	0 38	0 39	0 40	0 40
0 15	0 56	0 57	0 58	0 59	0 59	0 60
0 20	0 74	0 76	0 77	0 78	0 79	0 81
0 25	0 93	0 95	0 96	0 98	0 99	1 01
0 30	1 12	1 13	1 15	1 17	1 19	1 21
0 35	1 30	1 32	1 35	1 37	1 39	1 41
0 40	1 49	1 51	1 54	1 56	1 59	1 61
0 45	1 67	1 70	1 73	1 76	1 78	1 81
0 50	1 86	1 89	1 92	1 95	1 98	2 01
0 55	2 05	2 08	2 11	2 13	2 18	2 21
0 60	2 23	2 27	2 31	2 34	2 38	2 42
0 65	2 42	2 46	2 50	2 54	2 58	2 62
0 70	2 60	2 65	2 69	2 73	2 78	2 82
0 75	2 79	2 84	2 88	2 93	2 97	3 02
0 80	2 98	3 03	3 07	3 12	3 17	3 22
0 85	3 16	3 21	3 27	3 32	3 37	3 42
0 90	3 35	3 40	3 46	3 51	3 57	3 62
0 95	3 54	3 59	3 65	3 74	3 77	3 82
1 »	3 72	3 78	3 84	3 90	3 96	4 03
2 »	7 44	7 56	7 69	7 81	7 93	8 05
3 »	11 16	11 35	11 53	11 71	11 89	12 08
4 »	14 88	15 13	15 37	15 62	15 86	16 10
5 »	18 60	18 91	19 21	19 52	19 82	20 13
6 »	22 33	22 69	23 06	23 42	23 79	24 16
7 »	26 05	26 47	26 90	27 33	27 75	28 18
8 »	29 77	30 26	30 74	31 23	31 72	32 21
9 »	33 49	34 04	34 59	35 14	35 68	36 23
10 »	37 21	37 82	38 43	39 04	39 65	40 26
11 »	40 93	41 60	42 27	42 94	43 61	44 29
12 »	44 65	45 38	46 12	46 85	47 58	48 31

LONGUEURS	62	63	64	65	66	67
0 05	0 19	0 20	0 20	0 20	0 20	0 21
0 10	0 38	0 39	0 40	0 40	0 41	0 42
0 15	0 58	0 59	0 60	0 60	0 61	0 62
0 20	0 77	0 78	0 79	0 81	0 82	0 83
0 25	0 96	0 98	0 99	1 01	1 02	1 04
0 30	1 15	1 17	1 19	1 21	1 23	1 25
0 35	1 38	1 37	1 39	1 41	1 43	1 45
0 40	1 54	1 56	1 59	1 61	1 64	1 66
0 45	1 73	1 76	1 79	1 81	1 84	1 87
0 50	1 92	1 95	1 98	2 01	2 05	2 08
0 55	2 11	2 15	2 18	2 22	2 25	2 28
0 60	2 31	2 34	2 38	2 42	2 46	2 49
0 65	2 50	2 54	2 58	2 62	2 66	2 70
0 70	2 69	2 73	2 78	2 82	2 86	2 91
0 75	2 88	2 92	2 98	3 02	3 07	3 12
0 80	3 08	3 12	3 17	3 22	3 27	3 32
0 85	3 27	3 32	3 37	3 43	3 48	3 53
0 90	3 46	3 52	3 57	3 63	3 68	3 74
0 95	3 65	3 71	3 77	3 83	3 89	3 95
1 »	3 84	3 91	3 97	4 03	4 09	4 15
2 »	7 69	7 81	7 94	8 06	8 18	8 31
3 »	11 53	11 72	11 90	12 09	12 28	12 46
4 »	15 38	15 62	15 87	16 12	16 37	16 62
5 »	19 22	19 53	19 84	20 15	20 46	20 77
6 »	23 06	23 44	23 81	24 18	24 55	24 92
7 »	26 91	27 34	27 78	28 21	28 64	29 08
8 »	30 75	31 25	31 74	32 24	32 74	33 23
9 »	34 60	35 15	35 71	36 27	36 83	37 39
10 »	38 44	39 06	39 68	40 30	40 92	41 54
11 »	42 28	42 97	43 65	44 33	45 01	45 69
12 »	46 13	46 87	47 62	48 36	49 10	49 85

LONGUEURS.	63		64		65		66		67		68	
0 05	0	20	0	20	0	20	0	21	0	21	0	21
0 10	0	40	0	40	0	41	0	42	0	42	0	43
0 15	0	59	0	60	0	61	0	62	0	63	0	64
0 20	0	79	0	81	0	82	0	83	0	84	0	86
0 25	0	99	1	01	1	02	1	04	1	06	1	07
0 30	1	19	1	21	1	25	1	25	1	27	1	29
0 35	1	39	1	41	1	43	1	46	1	48	1	50
0 40	1	59	1	61	1	64	1	66	1	69	1	71
0 45	1	79	1	81	1	84	1	87	1	90	1	93
0 50	1	98	2	02	2	05	2	08	2	11	2	14
0 55	2	18	2	22	2	25	2	29	2	32	2	36
0 60	2	38	2	42	2	46	2	49	2	53	2	57
0 65	2	58	2	62	2	66	2	70	2	74	2	78
0 70	2	78	2	82	2	87	2	91	2	95	3	»
0 75	2	98	3	02	3	07	3	12	3	17	3	21
0 80	3	18	3	23	3	28	3	33	3	38	3	43
0 85	3	37	3	43	3	48	3	53	3	59	3	64
0 90	3	57	3	63	3	69	3	74	3	80	3	86
0 95	3	77	3	83	3	89	3	95	4	01	4	07
1 »	3·97		4	03	4	09	4	16	4	22	4	28
2 »	7	94	8	06	8	19	8	32	8	44	8	57
3 »	11	90	12	40	12	28	12	47	12	66	12	85
4 »	15	88	16	13	16	38	16	63	16	88	17	13
5 »	19	84	20	16	20	47	20	79	21	10	21	42
6 »	23	81	24	19	24	57	24	95	25	33	25	70
7 »	27	78	28	22	28	66	29	11	29	55	29	99
8 »	31	75	32	26	32	76	33	26	33	77	34	27
9 »	35	72	36	29	36	85	37	42	37	99	38	56
10 »	39	69	40	32	40	95	41	58	42	21	42	84
11 »	43	66	44	35	45	04	45	74	46	43	47	12
12 »	47	63	48	38	49	14	50	90	50	65	51	41

LONGUEURS		64		65		66		67		68		69	
0	05	0	20	0	21	0	21	0	21	0	22	0	22
0	10	0	41	0	42	0	42	0	43	0	44	0	44
0	15	0	61	0	62	0	63	0	64	0	65	0	66
0	20	0	82	0	83	0	84	0	86	0	87	0	88
0	25	1	02	1	04	1	06	1	07	1	09	1	10
0	30	1	23	1	25	1	27	1	29	1	31	1	33
0	35	1	43	1	46	1	48	1	50	1	52	1	55
0	40	1	64	1	66	1	69	1	72	1	74	1	77
0	45	1	84	1	87	1	90	1	93	1	96	1	99
0	50	2	05	2	08	2	11	2	14	2	18	2	21
0	55	2	25	2	29	2	32	2	36	2	39	2	43
0	60	2	46	2	50	2	53	2	57	2	61	2	65
0	65	2	66	2	70	2	75	2	79	2	83	2	87
0	70	2	87	2	91	2	96	3	»	3	04	3	09
0	75	3	07	3	12	3	17	3	22	3	26	3	31
0	80	3	28	3	33	3	38	3	43	3	48	3	53
0	85	3	48	3	54	3	59	3	64	3	70	3	75
0	90	3	69	3	74	3	80	3	86	3	92	3	97
0	95	3	87	3	95	4	01	4	07	4	15	4	19
1	»	4	10	4	16	4	22	4	29	4	35	4	42
2	»	8	19	8	32	8	45	8	58	8	70	8	83
3	»	12	29	12	48	12	67	12	86	13	06	13	25
4	»	16	38	16	64	16	89	17	15	17	41	17	66
5	»	20	48	20	80	21	12	21	44	21	76	22	08
6	»	24	58	24	96	25	34	25	73	26	11	26	50
7	»	28	67	29	12	29	57	30	02	30	46	30	91
8	»	32	77	33	28	33	79	34	30	34	82	35	33
9	»	36	86	37	44	38	01	38	59	39	17	39	74
10	»	40	96	41	60	42	24	42	88	43	52	44	16
11	»	45	06	45	76	46	46	47	17	47	87	48	58
12	»	49	15	49	92	50	69	51	46	52	22	52	99

LONGUEURS.	65	66	67	68	69	70
0 05	0 21	0 21	0 22	0 22	0 22	0 23
0 10	0 42	0 43	0 44	0 44	0 45	0 45
0 15	0 63	0 64	0 66	0 66	0 67	0 68
0 20	0 84	0 86	0 87	0 88	0 90	0 91
0 25	1 06	1 07	1 09	1 10	1 12	1 14
0 30	1 27	1 29	1 31	1 33	1 35	1 36
0 35	1 48	1 50	1 52	1 55	1 57	1 58
0 40	1 69	1 72	1 74	1 77	1 79	1 82
0 45	1 90	1 93	1 96	1 99	2 02	2 05
0 50	2 11	2 14	2 18	2 21	2 24	2 27
0 55	2 32	2 36	2 40	2 43	2 47	2 51
0 60	2 53	2 57	2 61	2 65	2 69	2 73
0 65	2 75	2 79	2 83	2 87	2 92	2 96
0 70	2 96	3 »	3 05	3 09	3 14	3 18
0 75	3 17	3 22	3 27	3 31	3 36	3 41
0 80	3 38	3 43	3 48	3 54	3 59	3 64
0 85	3 59	3 65	3 70	3 76	3 81	3 87
0 90	3 80	3 86	3 92	3 98	4 04	4 09
0 95	4 01	4 08	4 14	4 20	4 26	4 32
1 »	4 22	4 29	4 35	4 42	4 48	4 55
2 »	8 45	8 58	8 71	8 84	8 97	9 10
3 »	12 67	12 87	13 06	13 26	13 45	13 65
4 »	16 90	17 16	17 42	17 68	17 94	18 20
5 »	21 12	21 45	21 77	22 10	22 42	22 75
6 »	25 35	25 74	26 13	26 52	26 94	27 30
7 »	29 57	30 03	30 48	30 94	31 39	31 85
8 »	33 80	34 32	34 84	35 36	35 88	36 40
9 »	38 02	38 61	39 19	39 78	40 36	40 95
10 »	42 25	42 90	43 55	44 20	44 85	45 50
11 »	46 47	47 19	47 90	48 62	49 35	50 05
12 »	50 70	51 48	52 26	53 04	53 82	54 60

LONGUEURS		66		67		68		69		70		71	
0	05	0	22	0	22	0	22	0	23	0	23	0	23
0	10	0	44	0	44	0	45	0	46	0	46	0	47
0	15	0	65	0	66	0	67	0	68	0	69	0	70
0	20	0	87	0	88	0	90	0	91	0	92	0	94
0	25	1	09	1	11	1	12	1	14	1	16	1	17
0	30	1	31	1	33	1	35	1	37	1	39	1	41
0	35	1	52	1	55	1	57	1	59	1	62	1	64
0	40	1	74	1	77	1	80	1	82	1	85	1	87
0	45	1	92	1	99	2	02	2	05	2	08	2	11
0	50	2	18	2	21	2	24	2	28	2	31	2	34
0	55	2	40	2	43	2	47	2	50	2	54	2	58
0	60	2	61	2	65	2	69	2	73	2	77	2	81
0	65	2	83	2	87	2	92	2	96	3	»	3	04
0	70	3	05	3	10	3	14	3	19	3	23	3	28
0	75	3	27	3	32	3	37	3	42	3	46	3	51
0	80	3	48	3	54	3	59	3	64	3	70	3	75
0	85	3	70	3	76	3	81	3	87	3	93	3	98
0	90	3	92	3	98	4	04	4	10	4	16	4	22
0	95	4	14	4	20	4	26	4	33	4	39	4	45
1	»	4	36	4	42	4	49	4	55	4	62	4	69
2	»	8	71	8	84	8	98	9	11	9	24	9	37
3	»	13	07	13	27	13	46	13	66	13	86	14	06
4	»	17	42	17	69	17	95	18	22	18	48	18	74
5	»	21	78	22	11	22	44	22	77	23	10	23	43
6	»	26	13	26	53	26	93	27	32	27	72	28	12
7	»	30	49	30	95	31	42	31	88	32	34	32	80
8	»	34	85	35	38	35	90	36	43	36	96	37	49
9	»	39	20	39	80	40	39	40	99	41	58	42	17
10	»	43	56	44	22	44	88	45	54	46	20	46	86
11	»	47	92	48	64	49	37	50	09	50	82	51	53
12	»	52	27	53	06	53	86	54	65	55	44	56	23

De 67 centimètres à

LONGUEURS.	67		68		69		70		71		72	
0 05	0	22	0	23	0	23	0	23	0	24	0	24
0 10	0	45	0	46	0	46	0	47	0	48	0	48
0 15	0	67	0	68	0	69	0	70	0	71	0	72
0 20	0	90	0	91	0	92	0	94	0	95	0	96
0 25	1	12	1	14	1	16	1	17	1	19	1	21
0 30	1	35	1	37	1	39	1	41	1	43	1	45
0 35	1	57	1	59	1	62	1	64	1	66	1	69
0 40	1	79	1	82	1	85	1	88	1	90	1	93
0 45	2	02	2	05	2	08	2	11	2	14	2	17
0 50	2	24	2	28	2	31	2	34	2	38	2	41
0 55	2	47	2	51	2	54	2	58	2	62	2	65
0 60	2	69	2	73	2	77	2	81	2	85	2	89
0 65	2	92	2	96	3	»	3	05	3	09	3	14
0 70	3	14	3	19	3	24	3	28	3	33	3	38
0 75	3	37	3	42	3	47	3	52	3	57	3	62
0 80	3	59	3	64	3	70	3	75	3	81	3	86
0 85	3	82	3	87	3	93	3	99	4	04	4	10
0 90	4	04	4	10	4	16	4	22	4	28	4	34
0 95	4	26	4	33	4	39	4	46	4	52	4	58
1 »	4	49	4	56	4	62	4	69	4	76	4	82
2 »	8	98	9	11	9	25	9	38	9	51	9	65
3 »	13	47	13	67	13	87	14	07	14	27	14	47
4 »	17	95	18	22	18	49	18	76	19	03	19	30
5 »	22	44	22	78	23	11	23	45	23	78	24	12
6 »	26	93	27	34	27	75	28	14	28	54	28	94
7 »	31	42	31	89	32	36	32	83	33	30	33	77
8 »	35	91	36	45	36	98	37	52	38	06	38	59
9 »	40	40	41	»	41	61	42	21	42	81	43	42
10 »	44	89	45	56	46	23	46	90	47	57	48	24
11 »	49	38	50	12	50	85	51	59	52	33	53	06
12 »	53	87	54	67	55	48	56	28	57	08	58	89

LONGUEURS		68	69	70	71	72	73
0	05	0 23	0 23	0 24	0 24	0 24	0 25
0	10	0 46	0 47	0 48	0 48	0 49	0 50
0	15	0 69	0 70	0 71	0 72	0 73	0 74
0	20	0 92	0 94	0 95	0 97	0 98	0 99
0	25	1 16	1 17	1 19	1 21	1 22	1 24
0	30	1 39	1 41	1 43	1 45	1 47	1 49
0	35	1 62	1 64	1 67	1 69	1 71	1 74
0	40	1 85	1 88	1 90	1 93	1 96	1 99
0	45	2 08	2 11	2 14	2 17	2 20	2 23
0	50	2 31	2 35	2 38	2 41	2 45	2 48
0	55	2 54	2 58	2 62	2 66	2 69	2 73
0	60	2 77	2 82	2 86	2 90	2 94	2 98
0	65	3 »	3 05	3 09	3 14	3 18	3 23
0	70	3 24	3 28	3 33	3 38	3 43	3 47
0	75	3 47	3 52	3 57	3 62	3 67	3 72
0	80	3 70	3 75	3 81	3 86	3 92	3 97
0	85	3 93	3 99	4 05	4 10	4 16	4 22
0	90	4 16	4 22	4 28	4 35	4 41	4 47
0	95	4 39	4 46	4 52	4 59	4 65	4 72
1	»	4 62	4 69	4 76	4 83	4 90	4 96
2	»	9 25	9 38	9 52	9 66	9 79	9 93
3	»	13 87	14 08	14 28	14 48	14 69	14 89
4	»	18 50	18 77	19 04	19 31	19 58	19 86
5	»	23 12	23 46	23 80	24 14	24 48	24 82
6	»	27 74	28 15	28 56	28 96	29 38	29 78
7	»	32 37	32 84	33 32	33 80	34 27	34 75
8	»	36 99	37 54	38 08	38 62	39 17	39 71
9	»	41 62	42 23	42 84	43 45	44 06	44 68
10	»	46 24	46 92	47 60	48 28	48 96	49 64
11	»	50 86	51 61	52 36	53 11	53 86	54 60
12	»	55 49	56 30	57 12	57 94	58 75	59 57

LONGUEURS		69	70	71	72	73	74
0	05	0 24	0 21	0 24	0 25	0 25	0 26
0	10	0 48	0 48	0 49	0 50	0 30	0 51
0	15	0 71	0 72	0 73	0 75	0 76	0 77
0	20	0 93	0 97	0 98	0 99	1 01	1 02
0	25	1 19	1 21	1 22	1 24	1 26	1 28
0	30	1 43	1 45	1 47	1 49	1 51	1 53
0	35	1 67	1 69	1 71	1 74	1 76	1 79
0	40	1 90	1 93	1 96	1 99	2 01	2 04
0	45	2 14	2 17	2 20	2 24	2 26	2 30
0	50	2 38	2 41	2 45	2 48	2 52	2 55
0	55	2 62	2 66	2 69	2 73	2 77	2 81
0	60	2 85	2 90	2 94	2 98	3 02	3 06
0	65	3 09	3 14	3 18	3 23	3 27	3 32
0	70	3 33	3 38	3 43	3 48	3 53	3 57
0	75	3 57	3 62	3 67	3 73	3 78	3 83
0	80	3 81	3 86	3 92	3 97	4 03	4 08
0	85	4 05	4 11	4 16	4 22	4 28	4 34
0	90	4 28	4 35	4 41	4 47	4 53	4 60
0	95	4 52	4 59	4 65	4 72	4 78	4 85
1	»	4 76	4 85	4 90	4 97	5 04	5 11
2	»	9 52	9 66	9 80	9 94	10 07	10 21
3	»	14 28	14 49	14 70	14 90	15 11	15 32
4	»	19 04	19 32	19 60	19 87	20 14	20 42
5	»	23 80	24 15	24 49	24 84	25 18	25 53
6	»	28 57	28 98	29 39	29 81	30 22	30 64
7	»	33 33	33 81	34 29	34 78	35 26	35 74
8	»	38 09	38 64	39 19	39 74	40 30	40 85
9	»	42 85	43 47	44 09	44 71	45 29	45 96
10	»	47 61	48 30	48 99	49 68	50 37	51 06
11	»	52 37	53 13	53 89	54 65	55 41	56 17
12	»	57 13	57 96	58 79	59 62	60 44	61 27

LONGUEURS		70		71		72		73		74		75	
0	05	0	24	0	25	0	25	0	26	0	26	0	26
0	10	0	49	0	50	0	50	0	51	0	52	0	52
0	15	0	73	0	75	0	76	0	77	0	78	0	79
0	20	0	98	0	99	1	01	1	02	1	04	1	05
0	25	1	22	1	24	1	26	1	28	1	29	1	31
0	30	1	47	1	49	1	51	1	53	1	55	1	57
0	35	1	71	1	74	1	76	1	79	1	81	1	84
0	40	1	96	1	99	2	02	2	04	2	07	2	10
0	45	2	20	2	24	2	27	2	30	2	33	2	36
0	50	2	45	2	48	2	52	2	55	2	59	2	62
0	55	2	69	2	73	2	77	2	81	2	85	2	89
0	60	2	94	2	98	3	02	3	07	3	11	3	15
0	65	3	18	3	23	3	28	3	32	3	37	3	41
0	70	3	43	3	48	3	53	3	58	3	63	3	67
0	75	3	67	3	73	3	78	3	83	3	88	3	84
0	80	3	92	3	98	4	03	4	09	4	14	4	20
0	85	4	16	4	22	4	28	4	34	4	40	4	46
0	90	4	41	4	47	4	54	4	60	4	66	4	72
0	95	4	65	4	72	4	79	4	85	4	92	4	99
1	»	4	90	4	97	5	04	5	11	5	18	5	25
2	»	9	80	9	94	10	08	10	22	10	36	10	50
3	»	14	70	14	91	15	12	15	33	15	54	15	75
4	»	19	60	19	88	20	16	20	44	20	72	21	»
5	»	24	50	24	85	25	20	25	55	25	90	26	25
6	»	29	40	29	82	30	24	30	66	31	08	31	50
7	»	34	30	34	79	35	28	35	77	36	26	36	75
8	»	39	20	39	76	40	32	40	88	41	44	42	»
9	»	44	10	44	73	45	36	45	99	46	62	47	25
10	»	49	»	49	70	50	40	51	10	51	80	52	50
11	»	53	90	54	67	55	44	56	21	56	98	57	75
12	»	58	80	59	64	60	48	61	32	62	16	63	»

LONGUEURS	71	72	73	74	75	76
0 05	0 25	0 26	0 26	0 26	0 27	0 27
0 10	0 50	0 51	0 52	0 53	0 53	0 54
0 15	0 76	0 77	0 78	0 79	0 80	0 81
0 20	1 01	1 02	1 04	1 05	1 06	1 08
0 25	1 26	1 28	1 30	1 31	1 33	1 35
0 30	1 51	1 53	1 56	1 58	1 60	1 62
0 35	1 76	1 79	1 81	1 84	1 86	1 89
0 40	2 02	2 04	2 07	2 10	2 13	2 16
0 45	2 27	2 30	2 33	2 36	2 40	2 43
0 50	2 52	2 56	2 59	2 63	2 68	2 70
0 55	2 77	2 81	2 85	2 89	2 93	2 97
0 60	3 02	3 07	3 11	3 15	3 19	3 24
0 65	3 28	3 32	3 37	3 41	3 46	3 51
0 70	3 53	3 58	3 63	3 68	3 73	3 78
0 75	3 78	3 83	3 89	3 94	3 99	4 05
0 80	4 03	4 09	4 15	4 20	4 26	4 32
0 85	4 28	4 35	4 41	4 47	4 53	4 59
0 90	4 54	4 60	4 66	4 73	4 79	4 86
0 95	4 79	4 86	4 92	4 99	5 06	5 13
1 »	5 04	5 11	5 18	5 25	5 32	5 40
2 »	10 08	10 22	10 37	10 51	10 65	10 79
3 »	15 12	15 34	15 55	15 76	15 97	16 19
4 »	20 16	20 44	20 73	21 02	21 30	21 58
5 »	25 20	25 56	25 94	26 27	26 62	26 98
6 »	30 25	30 67	31 10	31 52	31 95	32 38
7 »	35 29	35 78	36 26	36 78	37 27	37 77
8 »	40 33	40 90	41 46	42 03	42 60	43 17
9 »	45 37	46 01	46 65	47 29	47 92	48 56
10 »	50 41	51 12	51 83	52 54	53 25	53 96
11 »	55 45	56 23	57 01	57 79	58 57	59 36
12 »	60 49	61 34	62 20	63 05	63 90	64 75

LONGUEURS		72		73		74		75		76		77	
0	05	0	26	0	26	0	27	0	27	0	27	0	28
0	10	0	52	0	53	0	53	0	54	0	55	0	55
0	15	0	78	0	79	0	80	0	81	0	82	0	83
0	20	1	04	1	05	1	07	1	08	1	09	1	11
0	25	1	30	1	31	1	33	1	35	1	37	1	39
0	30	1	56	1	58	1	60	1	62	1	64	1	66
0	35	1	81	1	84	1	86	1	89	1	92	1	94
0	40	2	07	2	10	2	13	2	16	2	19	2	22
0	45	2	33	2	37	2	40	2	43	2	46	2	49
0	50	2	59	2	63	2	66	2	70	2	74	2	77
0	55	2	85	2	89	2	93	2	97	3	01	3	05
0	60	3	11	3	15	3	20	3	24	3	28	3	33
0	65	3	37	3	42	3	46	3	51	3	56	3	60
0	70	3	63	3	68	3	73	3	78	3	83	3	88
0	75	3	89	3	94	4	»	4	05	4	10	4	16
0	80	4	15	4	20	4	26	4	32	4	38	4	44
0	85	4	41	4	47	4	53	4	59	4	65	4	71
0	90	4	67	4	73	4	80	4	86	4	92	4	99
0	95	4	93	4	99	5	06	5	13	5	20	5	27
1	»	5	18	5	27	5	33	5	40	5	47	5	54
2	»	10	37	10	51	10	66	10	80	10	94	11	09
3	»	15	55	15	77	15	98	16	20	16	42	16	63
4	»	20	74	21	02	21	31	21	60	21	89	22	19
5	»	25	92	26	28	26	64	27	»	27	36	27	72
6	»	31	10	31	54	31	97	32	40	32	83	33	26
7	»	36	29	36	79	37	30	37	80	38	30	38	81
8	»	41	47	42	05	42	62	43	20	43	78	44	35
9	»	46	66	47	30	47	96	48	60	49	25	49	90
10	»	51	84	52	56	53	28	54	»	54	72	55	44
11	»	57	02	57	83	58	61	59	40	60	19	60	98
12	»	62	21	63	07	63	94	64	80	65	66	66	53

LONGUEURS		73	74	75	76	77	78
0	05	0 27	0 27	0 27	0 28	0 28	0 28
0	10	0 53	0 54	0 55	0 55	0 56	0 57
0	15	0 80	0 81	0 82	0 83	0 84	0 85
0	20	1 07	1 08	1 08	1 11	1 12	1 14
0	25	1 33	1 35	1 37	1 39	1 46	1 47
0	30	1 60	1 62	1 64	1 66	1 69	1 71
0	35	1 87	1 89	1 92	1 94	1 97	1 99
0	40	2 13	2 16	2 19	2 22	2 25	2 28
0	45	2 40	2 43	2 46	2 50	2 53	2 56
0	50	2 66	2 70	2 74	2 77	2 81	2 85
0	55	2 93	2 97	3 01	3 05	3 09	3 13
0	60	3 20	3 24	3 29	3 33	3 37	3 42
0	65	3 46	3 51	3 56	3 61	3 66	3 70
0	70	3 73	3 78	3 83	3 88	3 93	3 98
0	75	4 »	4 05	4 11	4 16	4 22	4 27
0	80	4 26	4 32	4 38	4 44	4 50	4 56
0	85	4 53	4 59	4 65	4 72	4 78	4 84
0	90	4 80	4 86	4 93	4 99	5 06	5 12
0	95	5 06	5 13	5 20	5 27	5 34	5 41
1	»	5 33	5 40	5 47	5 55	5 62	5 69
2	»	10 66	10 80	10 95	11 10	11 24	11 39
3	»	15 99	16 21	16 42	16 64	16 86	17 08
4	»	21 32	21 61	21 90	22 19	22 48	22 78
5	»	26 64	27 01	27 37	27 74	28 10	28 47
6	»	31 97	32 41	32 85	33 29	33 73	34 16
7	»	37 30	37 81	38 32	38 84	39 35	39 86
8	»	42 63	43 22	43 80	44 38	44 97	45 55
9	»	47 96	48 62	49 27	49 93	50 59	51 25
10	»	53 29	54 02	54 75	55 48	56 21	56 94
11	»	58 62	59 42	60 22	61 03	61 83	62 63
12	»	63 95	64 82	65 70	66 58	67 45	68 33

LONGUEURS		74	75	76	77	78	79
0	05	0 27	0 27	0 28	0 28	0 29	0 29
0	10	0 55	0 55	0 56	0 57	0 58	0 58
0	15	0 82	0 83	0 84	0 85	0 87	0 88
0	20	1 10	1 11	1 12	1 14	1 15	1 17
0	25	1 37	1 39	1 41	1 42	1 44	1 46
0	30	1 64	1 66	1 69	1 71	1 73	1 75
0	35	1 92	1 94	1 97	1 99	2 02	2 05
0	40	2 19	2 22	2 25	2 28	2 31	2 34
0	45	2 46	2 50	2 53	2 56	2 60	2 63
0	50	2 74	2 77	2 81	2 85	2 89	2 92
0	55	3 01	3 05	3 09	3 13	3 17	3 22
0	60	3 29	3 33	3 37	3 42	3 46	3 51
0	65	3 56	3 61	3 66	3 70	3 75	3 80
0	70	3 83	3 88	3 94	3 99	4 04	4 09
0	75	4 11	4 16	4 22	4 27	4 33	4 38
0	80	4 38	4 44	4 50	4 56	4 62	4 68
0	85	4 65	4 72	4 78	4 84	4 91	4 97
0	90	4 93	4 99	5 06	5 13	5 19	5 26
0	95	5 20	5 27	5 34	5 41	5 48	5 55
1	»	5 48	5 55	5 62	5 70	5 77	5 85
2	»	10 95	11 10	11 25	11 40	11 54	11 69
3	»	16 43	16 65	16 87	17 09	17 32	17 54
4	»	21 90	22 20	22 50	22 79	23 09	23 38
5	»	27 38	27 75	28 12	28 49	28 86	29 23
6	»	32 86	33 30	33 74	34 19	34 63	35 08
7	»	38 33	38 85	39 37	39 89	40 40	40 92
8	»	43 81	44 40	44 99	45 58	46 18	46 77
9	»	49 28	49 95	50 62	51 28	51 95	52 61
10	»	54 76	55 50	56 24	56 98	57 72	58 46
11	»	60 24	61 05	61 86	62 68	63 49	64 31
12	»	65 71	66 60	67 49	68 38	69 26	70 15

LONGUEURS.		75		76		77		78		79		80	
0	05	0	28	0	28	0	29	0	29	0	30	0	30
0	10	0	56	0	57	0	58	0	58	0	59	0	60
0	15	0	84	0	85	0	87	0	88	0	89	0	90
0	20	1	12	1	14	1	15	1	17	1	18	1	20
0	25	1	41	1	42	1	44	1	46	1	48	1	50
0	30	1	69	1	71	1	73	1	75	1	78	1	80
0	35	1	97	1	99	2	02	2	05	2	07	2	10
0	40	2	25	2	28	2	31	2	34	2	37	2	40
0	45	2	53	2	56	2	60	2	63	2	67	2	70
0	50	2	81	2	85	2	89	2	92	2	96	3	»
0	55	3	09	3	13	3	18	3	22	3	26	3	30
0	60	3	37	3	42	3	46	3	51	3	55	3	60
0	65	3	66	3	70	3	75	3	80	3	85	3	90
0	70	3	94	3	99	4	04	4	09	4	15	4	20
0	75	4	22	4	27	4	33	4	39	4	44	4	50
0	80	4	50	4	56	4	62	4	68	4	74	4	80
0	85	4	78	4	84	4	91	4	97	5	04	5	10
0	90	5	06	5	13	5	20	5	26	5	33	5	40
0	95	5	34	5	41	5	49	5	56	5	63	5	70
1	»	5	62	5	70	5	77	5	85	5	92	6	»
2	»	11	25	11	40	11	55	11	70	11	85	12	»
3	»	16	87	17	10	17	52	17	55	17	77	18	»
4	»	22	50	22	80	23	10	23	40	23	70	24	»
5	»	28	12	28	50	28	87	29	25	29	62	30	»
6	»	33	75	34	20	34	65	35	10	35	55	36	»
7	»	39	37	39	90	40	42	40	95	41	47	42	»
8	»	45	»	45	60	46	20	46	80	47	40	48	»
9	»	50	62	51	30	51	97	52	65	53	32	54	»
10	»	56	25	57	»	57	75	58	50	59	25	60	»
11	»	61	87	62	70	63	52	64	35	65	17	66	»
12	»	67	50	68	40	69	30	70	20	71	10	72	»

LONGUEURS.	76		77		78		79		80		81	
0 05	0	29	0	29	0	30	0	30	0	30	0	31
0 10	0	58	0	59	0	59	0	60	0	61	0	62
0 15	0	87	0	88	0	89	0	90	0	91	0	92
0 20	1	16	1	17	1	19	1	20	1	22	1	23
0 25	1	44	1	46	1	48	1	50	1	52	1	54
0 30	1	75	1	76	1	78	1	80	1	82	1	85
0 35	2	02	2	05	2	07	2	10	2	13	2	15
0 40	2	31	2	34	2	37	2	40	2	43	2	46
0 45	2	60	2	63	2	67	2	70	2	74	2	77
0 50	2	89	2	93	2	96	3	»	3	04	3	08
0 55	3	18	3	22	3	26	3	30	3	34	3	39
0 60	3	47	3	51	3	56	3	60	3	65	3	69
0 65	3	75	3	80	3	85	3	90	3	95	4	»
0 70	4	04	4	10	4	15	4	20	4	26	4	31
0 75	4	33	4	39	4	45	4	50	4	56	4	62
0 80	4	62	4	68	4	74	4	80	4	86	4	92
0 85	4	91	4	97	5	04	5	10	5	17	5	23
0 90	5	20	5	27	5	34	5	40	5	47	5	54
0 95	5	49	5	56	5	63	5	70	5	78	5	85
1 »	5	78	5	85	5	93	6	»	6	08	6	16
2 »	11	55	11	70	11	86	12	01	12	16	12	31
3 »	17	33	17	56	17	78	18	01	18	24	18	47
4 »	23	10	23	41	23	71	24	02	24	32	24	62
5 »	28	88	29	26	29	64	30	02	30	40	30	78
6 »	34	66	35	11	35	57	36	02	36	48	36	94
7 »	40	43	40	96	41	50	42	03	42	56	43	09
8 »	46	21	46	82	47	42	48	03	48	64	49	25
9 »	51	98	52	67	53	35	54	04	54	72	55	40
10 »	57	76	58	52	59	28	60	04	60	80	61	56
11 »	63	54	64	37	65	21	66	04	66	88	67	72
12 »	69	31	70	22	71	14	72	05	73	96	74	87

LONGUEURS.	77		78		79		80		81		82	
0	05	0	30	0	30	0	30	0	31	0	31	0	32
0	10	0	59	0	60	0	61	0	62	0	62	0	63
0	15	0	89	0	90	0	91	0	92	0	94	0	95
0	20	1	19	1	20	1	22	1	23	1	25	1	26
0	25	1	48	1	50	1	52	1	54	1	56	1	58
0	30	1	78	1	80	1	82	1	85	1	87	1	89
0	35	2	08	2	10	2	13	2	16	2	18	2	21
0	40	2	37	2	40	2	43	2	46	2	49	2	53
0	45	2	67	2	70	2	74	2	77	2	81	2	84
0	50	2	96	3	«	3	04	3	08	3	12	3	16
0	55	3	26	3	30	3	35	3	39	3	43	3	47
0	60	3	56	3	60	3	65	3	70	3	74	3	79
0	65	3	85	3	90	3	95	4	»	4	05	4	10
0	70	4	15	4	20	4	26	4	31	4	37	4	42
0	75	4	45	4	50	4	56	4	62	4	68	4	74
0	80	4	74	4	80	4	87	4	93	4	99	5	05
0	85	5	04	5	11	5	17	5	24	5	30	5	37
0	90	5	34	5	41	5	47	5	54	5	61	5	68
0	95	5	63	5	71	5	78	5	85	5	92	6	»
1	»	5	93	6	01	6	08	6	16	6	24	6	31
2	»	11	86	12	01	12	17	12	32	12	47	12	63
3	»	17	79	18	02	18	25	18	48	18	71	18	94
4	»	23	72	24	02	24	33	24	64	24	95	25	26
5	»	29	64	30	03	30	41	30	80	31	18	31	57
6	»	35	57	36	04	36	50	36	96	37	42	37	88
7	»	41	50	42	04	42	58	43	12	43	66	44	20
8	»	47	43	48	05	48	66	49	28	49	90	50	51
9	»	53	36	54	05	54	75	55	44	56	13	56	85
10	»	59	29	60	06	60	83	61	60	62	37	63	14
11	»	65	22	66	07	66	91	67	76	68	61	69	45
12	»	71	15	72	07	73	»	73	92	74	84	75	77

LONGUEURS		78	79	80	81	82	83
0	05	0 30	0 31	0 31	0 32	0 32	0 32
0	10	0 61	0 62	0 62	0 63	0 64	0 65
0	15	0 91	0 92	0 94	0 95	0 96	0 97
0	20	1 22	1 23	1 25	1 26	1 28	1 29
0	25	1 52	1 54	1 56	1 58	1 60	1 62
0	30	1 85	1 85	1 87	1 90	1 92	1 94
0	35	2 13	2 16	2 18	2 21	2 24	2 27
0	40	2 43	2 46	2 50	2 53	2 56	2 59
0	45	2 74	2 77	2 81	2 84	2 88	2 91
0	50	3 04	3 08	3 12	3 16	3 20	3 24
0	55	3 35	3 39	3 43	3 47	3 52	3 56
0	60	3 65	3 70	3 74	3 79	3 84	3 88
0	65	3 95	4 01	4 06	4 11	4 16	4 21
0	70	4 26	4 31	4 37	4 42	4 48	4 53
0	75	4 56	4 62	4 68	4 74	4 80	4 86
0	80	4 87	4 93	4 99	5 05	5 12	5 18
0	85	5 17	5 24	5 30	5 37	5 44	5 50
0	90	5 48	5 55	5 62	5 69	5 76	5 83
0	95	5 78	5 85	5 93	6 »	6 08	6 15
1	»	6 08	6 16	6 24	6 32	6 40	6 47
2	»	12 17	12 32	12 48	12 64	12 79	12 95
3	»	18 25	18 49	18 72	18 95	19 19	19 42
4	»	24 34	24 65	24 96	25 27	25 58	25 90
5	»	30 42	30 81	31 20	31 59	31 98	32 37
6	»	36 50	36 97	37 44	37 91	38 38	38 84
7	»	42 59	43 13	43 68	44 23	44 77	45 32
8	»	48 67	49 30	49 92	50 54	51 17	51 79
9	»	54 76	55 46	56 16	56 86	57 56	58 27
10	»	60 84	61 62	62 40	63 18	63 96	64 74
11	»	66 92	67 78	68 64	69 50	70 36	71 21
12	»	73 01	73 94	74 88	75 82	76 75	77 69

LONGUEURS		79	80	81	82	83	84
0	05	0 31	0 32	0 32	0 52	0 33	0 33
0	10	0 62	0 63	0 64	0 65	0 66	0 66
0	15	0 94	0 95	0 96	0 97	0 98	1 »
0	20	1 25	1 26	1 28	1 30	1 31	1 33
0	25	1 56	1 58	1 60	1 62	1 64	1 66
0	30	1 87	1 90	1 92	1 94	1 97	1· 99
0	35	2 18	2 21	2 24	2 27	2 29	2 52
0	40	2 50	2 53	2 56	2 59	2 62	2 65
0	45	2 81	2 84	2 88	2 92	2 95	2 98
0	50	3 12	3 16	3 20	3 24	3 28	3 32
0	55	3 43	3 48	3 52	3 56	3 61	3 65
0	60	5 74	3 79	3 84	3 89	3 95	3 98
0	65	4 06	4 11	4 16	4 21	4 26	4 31
0	70	4 37	4 42	4 48	4 53	4 59	4 65
0	75	4 68	4 74	4 80	4 86	4 92	4 98
0	80	4 99	5 06	5 12	5 18	5 25	5 31
0	85	5 30	5 37	5 44	5 51	5 58	5 64
0	90	5 62	5 69	5 76	5 83	5 91	5 97
0	95	5 93	6 «	6 08	6 15	6 23	6 30
1	»	6 24	6 32	6 40	6 48	6 56	6 64
2	»	12 48	12 64	12 80	12 96	13 11	13 27
3	»	18 72	18 96	19 20	19 43	19 67	19 91
4	»	24 96	25 28	25 60	25 91	26 23	26 54
5	»	31 20	31 60	31 99	32 39	32 78	33 18
6	»	37 45	37 92	38 39	38 87	39 34	39 82
7	»	43 69	44 24	44 79	45 35	45 90	46 45
8	»	49 93	50 56	51 19	51 82	52 46	53 09
9	»	56 17	56 88	57 59	58 30	59 01	59 72
10	»	62 41	63 20	63 99	64 78	65 57	66 56
11	»	68 65	69 52	70 39	71 26	72 13	73 »
12	»	74 89	75 84	76 79	77 74	78 68	79 63

LONGUEURS	80	81	82	83	84	85
0 05	0 32	0 32	0 33	0 33	0 34	0 34
0 10	0 64	0 65	0 66	0 66	0 67	0 68
0 15	0 96	0 97	0 98	1 »	1 01	1 02
0 20	1 28	1 30	1 31	1 33	1 34	1 36
0 25	1 60	1 62	1 64	1 66	1 68	1 70
0 30	1 92	1 94	1 97	1 99	2 02	2 04
0 35	2 24	2 27	2 30	2 52	2 35	2 38
0 40	2 56	2 59	2 62	2 66	2 69	2 72
0 45	2 88	2 92	2 95	2 99	3 02	3 06
0 50	3 20	3 24	3 28	3 32	3 36	3 40
0 55	3 52	3 56	3 61	3 65	3 70	3 74
0 60	3 84	3 89	3 94	3 98	4 03	4 08
0 65	4 16	4 21	4 26	4 32	4 37	4 42
0 70	4 48	4 54	4 59	4 65	4 70	4 76
0 75	4 80	4 86	4 92	4 98	5 04	5 10
0 80	5 12	5 18	5 25	5 31	5 38	5 44
0 85	5 44	5 51	5 58	5 64	5 71	5 78
0 90	5 76	5 83	5 90	5 98	6 05	6 12
0 95	6 08	6 16	6 23	6 51	6 58	6 44
1 »	6 40	6 48	6 56	6 64	6 72	6 80
2 »	12 80	12 96	13 12	13 28	13 44	13 60
3 »	19 20	19 44	19 68	19 92	20 16	20 40
4 »	25 60	25 92	26 24	26 56	26 88	27 20
5 »	32 »	32 40	32 80	33 20	33 60	34 »
6 »	38 40	38 88	39 36	39 84	40 32	40 80
7 »	44 80	45 36	45 92	46 48	47 04	47 60
8 »	51 20	51 84	52 48	53 12	53 76	54 40
9 »	57 60	58 32	59 04	59 76	60 48	61 20
10 »	64 »	64 80	65 60	66 40	67 20	68 »
11 »	70 40	71 28	72 16	73 04	73 92	74 80
12 »	76 80	77 76	78 72	79 68	80 64	81 60

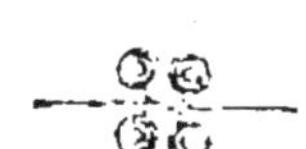

BOIS RONDS.

LONGUEURS.	50	51	52	53	54	55
0 05	0 01	0 01	0 01	0 01	0 01	0 01
0 10	0 02	0 02	0 02	0 02	0 02	0 02
0 15	0 03	0 03	0 03	0 03	0 03	0 04
0 20	0 04	0 04	0 04	0 04	0 05	0 05
0 25	0 05	0 05	0 05	0 06	0 06	0 06
0 30	0 06	0 06	0 06	0 07	0 07	0 07
0 35	0 07	0 07	0 07	0 08	0 08	0 08
0 40	0 08	0 08	0 09	0 09	0 09	0 10
0 45	0 09	0 09	0 10	0 10	0 10	0 11
0 50	0 10	0 10	0 11	0 11	0 12	0 12
0 55	0 11	0 11	0 12	0 12	0 13	0 13
0 60	0 12	0 12	0 13	0 13	0 14	0 14
0 65	0 13	0 13	0 14	0 15	0 15	0 16
0 70	0 14	0 14	0 15	0 16	0 16	0 17
0 75	0 15	0 16	0 16	0 17	0 17	0 18
0 80	0 16	0 17	0 17	0 18	0 19	0 19
0 85	0 17	0 18	0 18	0 19	0 20	0 20
0 90	0 18	0 19	0 19	0 20	0 21	0 22
0 95	0 19	0 20	0 20	0 21	0 22	0 23
1 »	0 20	0 21	0 22	0 22	0 23	0 24
2 »	0 40	0 41	0 43	0 45	0 46	0 48
3 »	0 60	0 62	0 65	0 67	0 70	0 72
4 »	0 80	0 83	0 86	0 89	0 93	0 96
5 »	0 99	1 03	1 08	1 12	1 16	1 20
6 »	1 19	1 24	1 29	1 34	1 39	1 44
7 »	1 39	1 45	1 51	1 56	1 62	1 69
8 »	1 59	1 66	1 72	1 79	1 86	1 93
9 »	1 79	1 86	1 94	2 01	2 09	2 17
10 »	1 99	2 07	2 15	2 24	2 32	2 41
11 »	2 19	2 28	2 37	2 46	2 55	2 65
12 »	2 39	2 48	2 58	2 68	2 78	2 89

LONGUEURS.	56	57	58	59	60	61
0 05	0 01	0 01	0 01	0 01	0 01	0 01
0 10	0 02	0 03	0 03	0,03	0 03	0 03
0 15	0 04	0 04	0 04	0 04	0 04	0 04
0 20	0 05	0 05	0 05	0 06	0 06	0 06
0 25	0 06	0 06	0 07	0 07	0 07	0 07
0 30	0 07	0 08	0 08	0 08	0 09	0 09
0 35	0 09	0 09	0 09	0 10	0 10	0 10
0 40	0 10	0 10	0 11	0 11	0 11	0 12
0 45	0 11	0 12	0 12	0 12	0 13	0 13
0 50	0 12	0 13	0 13	0 14	0 14	0 15
0 55	0 14	0 14	0 15	0 15	0 16	0 16
0 60	0 15	0 16	0 16	0 17	0 17	0 18
0 65	0 16	0 17	0 17	0 18	0 19	0 19
0 70	0 17	0 18	0 19	0 19	0 20	0 21
0 75	0 19	0 19	0 20	0 21	0 22	0 22
0 80	0 20	0 21	0 21	0 22	0 23	0 24
0 85	0 21	0 22	0 23	0 24	0 24	0 25
0 90	0 22	0 23	0 24	0 25	0 26	0 27
0 95	0 24	0 25	0 26	0 25	0 27	0 28
1 »	0 25	0 26	0 27	0 28	0 29	0 30
2 »	0 50	0 52	0 54	0 55	0 57	0 59
3 »	0 75	0 78	0 80	0 83	0 86	0 88
4 »	1 »	1 03	1 07	1 11	1 15	1 18
5 »	1 25	1 29	1 34	1 39	1 43	1 48
6 »	1 50	1 55	1 61	1 66	1 72	1 78
7 »	1 75	1 81	1 87	1 94	2 01	2 07
8 »	2 »	2 07	2 14	2 22	2 29	2 37
9 »	2 25	2 33	2 41	2 49	2 58	2 66
10 »	2 50	2 59	2 68	2 77	2 86	2 96
11 »	2 75	2 85	2 95	3 05	3 15	3 26
12 »	2 99	3 10	3 21	3 32	3 44	3 55

LONGUEURS.	62	63	64	65	66	67
0 05	0 02	0 02	0 02	0 02	0 02	0 02
0 10	0 03	0 03	0 03	0 03	0 03	0 04
0 15	0 05	0 05	0 05	0 05	0 05	0 05
0 20	0 06	0 06	0 07	0 07	0 07	0 07
0 25	0 08	0 08	0 08	0 08	0 09	0 09
0 30	0 09	0 09	0 10	0 10	0 10	0 11
0 35	0 11	0 11	0 11	0 12	0 12	0 12
0 40	0 12	0 13	0 13	0 13	0 14	0 14
0 45	0 14	0 14	0 15	0 15	0 16	0 16
0 50	0 15	0 16	0 16	0 17	0 17	0 18
0 55	0 17	0 17	0 18	0 18	0 19	0 20
0 60	0 18	0 19	0 19	0 20	0 21	0 21
0 65	0 20	0 20	0 21	0 22	0 23	0 23
0 70	0 21	0 22	0 23	0 23	0 24	0 25
0 75	0 23	0 24	0 24	0 25	0 26	0 27
0 80	0 24	0 25	0 26	0 27	0 28	0 29
0 85	0 26	0 27	0 28	0 29	0 29	0 30
0 90	0 28	0 28	0 29	0 30	0 31	0 32
0 95	0 29	0 30	0 31	0 32	0 33	0 34
1 »	0 31	0 32	0 33	0 34	0 35	0 36
2 »	0 61	0 63	0 65	0 67	0 69	0 71
3 »	0 92	0 95	0 98	1 01	1 04	1 07
4 »	1 22	1 26	1 30	1 34	1 39	1 43
5 »	1 53	1 58	1 63	1 68	1 73	1 79
6 »	1 84	1 90	1 96	2 02	2 08	2 14
7 »	2 14	2 21	2 28	2 35	2 43	2 50
8 »	2 44	2 53	2 61	2 69	2 77	2 86
9 »	2 75	2 84	2 93	3 02	3 12	3 21
10 »	3 06	3 16	3 26	3 36	3 47	3 57
11 »	3 36	3 47	3 59	3 70	3 81	3 93
12 »	3 67	3 79	3 91	4 03	4 16	4 29

LONGUEURS.	68	69	70	71	72	73
0 05	0 02	0 02	0 02	0 02	0 02	0 02
0 10	0 04	0 04	0 04	0 04	0 04	0 04
0 15	0 06	0 06	0 06	0 06	0 06	0 06
0 20	0 07	0 08	0 08	0 08	0 08	0 08
0 25	0 09	0 09	0 10	0 10	0 10	0 11
0 30	0 11	0 11	0 12	0 12	0 12	0 13
0 35	0 13	0 13	0 14	0 14	0 14	0 15
0 40	0 15	0 15	0 16	0 16	0 16	0 17
0 45	0 17	0 17	0 18	0 18	0 19	0 19
0 50	0 18	0 19	0 19	0 20	0 21	0 21
0 55	0 20	0 21	0 21	0 22	0 23	0 23
0 60	0 22	0 23	0 23	0 24	0 25	0 25
0 65	0 24	0 25	0 25	0 26	0 27	0 28
0 70	0 26	0 27	0 27	0 28	0 29	0 30
0 75	0 28	0 28	0 29	0 30	0 31	0 32
0 80	0 29	0 30	0 31	0 32	0 33	0 34
0 85	0 31	0 32	0 33	0 34	0 35	0 36
0 90	0 33	0 34	0 35	0 36	0 37	0 38
0 95	0 55	0 36	0 37	0 38	0 39	0 40
1 »	0 37	0 38	0 39	0 40	0 41	0 42
2 »	0 74	0 76	0 78	0 80	0 82	0 85
3 »	1 10	1 14	1 17	1 20	1 24	1 27
4 »	1 47	1 51	1 56	1 60	1 65	1 70
5 »	1 84	1 89	1 95	2 01	2 06	2 12
6 »	2 21	2 27	2 34	2 41	2 48	2 54
7 »	2 58	2 65	2 73	2 81	2 89	2 97
8 »	2 94	3 03	3 12	3 21	3 30	3 39
9 »	3 31	3 41	3 51	3 61	3 71	3 82
10 »	3 68	3 79	3 90	4 01	4 13	4 24
11 »	4 05	4 17	4 29	4 41	4 54	4 66
12 »	4 42	4 55	4 68	4 81	4 95	5 09

LONGUEURS	74	75	76	77	78	79
0 05	0 02	0 02	0 02	0 02	0 02	0 02
0 10	0 04	0 04	0 05	0 05	0 05	0 05
0 15	0 07	0 07	0 07	0 07	0 07	0 07
0 20	0 09	0 09	0 09	0 09	0 10	0 10
0 25	0 11	0 11	0 11	0 12	0 12	0 12
0 30	0 13	0 13	0 14	0 14	0 15	0 15
0 35	0 15	0 15	0 16	0 16	0 17	0 17
0 40	0 17	0 18	0 18	0 19	0 19	0 20
0 45	0 20	0 20	0 21	0 21	0 22	0 22
0 50	0 22	0 22	0 23	0 24	0 24	0 25
0 55	0 24	0 25	0 25	0 26	0 27	0 27
0 60	0 26	0 27	0 28	0 28	0 29	0 30
0 65	0 28	0 29	0 30	0 31	0 31	0 32
0 70	0 30	0 31	0 32	0 33	0 34	0 35
0 75	0 33	0 34	0 34	0 35	0 36	0 37
0 80	0 35	0 36	0 37	0 38	0 39	0 40
0 85	0 37	0 38	0 39	0 40	0 41	0 42
0 90	0 39	0 40	0 41	0 42	0 44	0 45
0 95	0 41	0 43	0 44	0 45	0 46	0 47
1 »	0 44	0 45	0 46	0 47	0 48	0 50
2 »	0 87	0 89	0 92	0 94	0 97	0 99
3 »	1 31	1 34	1 38	1 41	1 45	1 49
4 »	1 74	1 79	1 84	1 89	1 94	1 99
5 »	2 18	2 24	2 30	2 36	2 42	2 48
6 »	2 61	2 69	2 76	2 83	2 90	2 98
7 »	3 05	3 13	3 22	3 30	3 39	3 48
8 »	3 49	3 58	3 68	3 77	3 87	3 97
9 »	3 92	4 03	4 14	4 25	4 36	4 47
10 »	4 36	4 48	4 60	4 72	4 84	4 97
11 »	4 79	4 92	5 06	5 19	5 33	5 46
12 »	5 23	5 37	5 52	5 66	5 81	5 96

LONGUEURS.	80	81	82	83	84	85
0 05	0 05	0 05	0 05	0 03	0 05	0 05
0 10	0 05	0 05	0 05	0 05	0 06	0 06
0 15	0 08	0 08	0 08	0 08	0 08	0 09
0 20	0 10	0 10	0 11	0 11	0 11	0 11
0 25	0 13	0 13	0 13	0 14	0 14	0 14
0 30	0 15	0 16	0 16	0 16	0 17	0 17
0 35	0 18	0 18	0 19	0 19	0 20	0 20
0 40	0 20	0 21	0 21	0 22	0 22	0 23
0 45	0 23	0 25	0 24	0 25	0 25	0 26
0 50	0 25	0 26	0 27	0 27	0 28	0 29
0 55	0 28	0 29	0 29	0 30	0 31	0 32
0 60	0 31	0 31	0 32	0 33	0 34	0 34
0 65	0 33	0 34	0 35	0 36	0 36	0 37
0 70	0 36	0 36	0 37	0 38	0 39	0 40
0 75	0 38	0 39	0 40	0 41	0 42	0 43
0 80	0 41	0 42	0 43	0 44	0 45	0 46
0 85	0 43	0 44	0 45	0 47	0 48	0 49
0 90	0 46	0 47	0 48	0 49	0 51	0 52
0 95	0 48	0 50	0 51	0 52	0 53	0 55
1 »	0 51	0 52	0 53	0 55	0 56	0 57
2 »	1 02	1 04	1 07	1 10	1 12	1 15
3 »	1 53	1 57	1 60	1 64	1 68	1 72
4 »	2 04	2 09	2 14	2 19	2 25	2 30
5 »	2 55	2 61	2 67	2 74	2 81	2 87
6 »	3 06	3 13	3 21	3 29	3 37	3 45
7 »	3 56	3 65	3 74	3 83	3 93	4 02
8 »	4 07	4 18	4 28	4 38	4 49	4 60
9 »	4 58	4 70	4 81	4 95	5 05	5 17
10 »	5 09	5 22	5 35	5 48	5 61	5 75
11 »	5 60	5 74	5 89	6 03	6 18	6 32
12 »	6 11	6 26	6 42	6 58	6 74	6 90

LONGUEURS		86		87		88		89		90		91	
0	05	0	03	0	03	0	03	0	03	0	03	0	03
0	10	0	06	0	06	0	06	0	06	0	06	0	06
0	15	0	09	0	09	0	09	0	09	0	10	0	10
0	20	0	12	0	12	0	12	0	13	0	13	0	13
0	25	0	15	0	15	0	15	0	16	0	16	0	16
0	30	0	18	0	18	0	18	0	19	0	19	0	20
0	35	0	21	0	21	6	21	0	22	0	23	0	23
0	40	0	24	0	24	0	25	0	25	0	26	0	26
0	45	0	26	0	27	0	28	0	29	0	29	0	30
0	50	0	29	0	30	0	31	0	32	0	32	0	33
0	55	0	32	0	33	0	34	0	35	0	35	0	36
0	60	0	35	0	36	0	37	0	38	0	39	0	40
0	65	0	38	0	39	0	40	0	41	0	42	0	43
0	70	0	41	0	42	0	43	0	44	0	45	0	46
0	75	0	44	0	45	0	46	0	47	0	48	0	49
0	80	0	47	0	48	0	49	0	50	0	52	0	53
0	85	0	50	0	51	0	52	0	54	0	55	0	56
0	90	0	53	0	54	0	55	0	57	0	58	0	59
0	95	0	56	0	57	0	59	0	60	0	61	0	63
1	»	0	59	0	60	0	62	0	63	0	64	0	66
2	»	1	18	1	20	1	23	1	26	1	29	1	32
3	»	1	76	1	81	1	85	1	89	1	93	1	98
4	»	2	35	2	41	2	46	2	52	2	58	2	64
5	»	2	94	3	01	3	08	3	15	3	22	3	29
6	»	3	53	3	61	3	70	3	78	3	87	3	95
7	»	4	12	4	22	4	31	4	41	4	51	4	61
8	»	4	71	4	82	4	93	5	04	5	16	5	28
9	»	5	29	5	42	5	54	5	67	5	80	5	94
10	»	5	89	6	02	6	16	6	30	6	45	6	59
11	»	6	47	6	63	6	78	6	93	7	09	7	25
12	»	7	06	7	23	7	39	7	56	7	73	7	91

LONGUEURS.	92	93	94	95	96	97
0 05	0 03	0 03	0 04	0 04	0 04	0 04
0 10	0 07	0 07	0 07	0 07	0 07	0 07
0 15	0 10	0 10	0 11	0 11	0 11	0 11
0 20	0 13	0 14	0 14	0 14	0 15	0 15
0 25	0 17	0 17	0 18	0 18	0 18	0 19
0 30	0 20	0 21	0 21	0 22	0 22	0 22
0 35	0 24	0 24	0 25	0 25	0 26	0 26
0 40	0 27	0 28	0 28	0 29	0 29	0 30
0 45	0 30	0 31	0 32	0 32	0 33	0 34
0 50	0 34	0 34	0 35	0 36	0 37	0 37
0 55	0 37	0 38	0 39	0 39	0 40	0 41
0 60	0 40	0 41	0 42	0 43	0 44	0 45
0 65	0 44	0 45	0 46	0 47	0 48	0 49
0 70	0 47	0 48	0 49	0 50	0 51	0 52
0 75	0 50	0 52	0 53	0 54	0 55	0 56
0 80	0 54	0 55	0 56	0 57	0 59	0 60
0 85	0 57	0 59	0 60	0 61	0 62	0 64
0 90	0 61	0 62	0 63	0 65	0 66	0 67
0 95	0 64	0 65	0 67	0 68	0 70	0 71
1 »	0 67	0 69	0 70	0 72	0 73	0 75
2 »	1 35	1 38	1 41	1 44	1 47	1 50
3 »	2 02	2 06	2 11	2 15	2 20	2 25
4 »	2 69	2 75	2 81	2 87	2 93	2 99
5 »	3 37	3 44	3 52	3 59	3 66	3 74
6 »	4 04	4 13	4 22	4 31	4 40	4 49
7 »	4 71	4 82	4 92	5 03	5 13	5 24
8 »	5 39	5 51	5 62	5 74	5 87	5 99
9 »	6 05	6 19	6 32	6 45	6 59	6 74
10 »	6 75	6 88	7 03	7 18	7 33	7 49
11 »	7 41	7 57	7 73	7 90	8 07	8 24
12 »	8 08	8 26	8 44	8 62	8 80	9 08

LONGUEURS.	98	99	1,00	1,01	1,02	1,03
0 05	0 04	0 04	0 04	0 04	0 04	0 04
0 10	0 07	0 08	0 08	0 08	0 08	0 08
0 15	0 11	0 12	0 12	0 12	0 12	0 13
0 20	0 15	0 16	0 16	0 16	0 17	0 17
0 25	0 19	0 19	0 20	0 20	0 21	0 21
0 30	0 23	0 23	0 24	0 24	0 25	0 25
0 35	0 27	0 27	0 28	0 28	0 29	0 30
0 40	0 31	0 31	0 32	0 32	0 33	0 34
0 45	0 34	0 35	0 36	0 37	0 37	0 38
0 50	0 38	0 39	0 40	0 41	0 41	0 42
0 55	0 42	0 43	0 44	0 45	0 46	0 46
0 60	0 46	0-47	0 48	0 49	0 50	0 51
0 65	0 50	0 51	0 52	0 53	0 54	0 55
0 70	0 53	0 55	0 56	0 57	0 58	0 59
0 75	0 57	0 58	0 60	0 61	0 62	0 63
0 80	0 61	0 62	0 64	0 65	0 66	0 68
0 85	0 65	0 66	0 68	0 69	0 70	0 72
0 90	0 69	0 70	0 72	0 73	0 74	0 76
0 95	0 73	0 74	0 76	0 77	0 79	0 80
1 »	0 76	0 78	0 80	0 81	0 83	0 84
2 »	1 53	1 56	1 59	1 62	1 66	1 69
3 »	2 29	2 34	2 39	2 43	2 48	2 53
4 »	3 06	3 12	3 18	3 25	3 31	3 38
5 »	3 82	3 90	3 98	4 06	4 14	4 22
6 »	4 58	4 68	4 77	4 87	4 96	5 06
7 »	5 35	5 46	5 57	5 68	5 79	5 91
8 »	6 11	6 24	6 37	6 49	6 62	6 75
9 »	6 88	7 02	7 16	7 31	7 45	7 60
10 »	7 64	7 80	7 96	8 12	8 28	8 44
11 »	8 41	8 58	8 75	8 93	9 11	9 29
12 »	9 17	9 36	9 55	9 74	9 93	10 13

LONGUEURS.	1,04	1,05	1,06	1,07	1,08	1,09
0 05	0 04	0 04	0 04	0 05	0 05	0 05
0 10	0 09	0 09	0 09	0 09	0 09	0 09
0 15	0 13	0 13	0 13	0 14	0 14	0 14
0 20	0 17	0 18	0 18	0 18	0 19	0 19
0 25	0 22	0 22	0 22	0 23	0 23	0 24
0 30	0 26	0 26	0 27	0 27	0 28	0 28
0 35	0 30	0 31	0 31	0 32	0 32	0 33
0 40	0 34	0 35	0 36	0 36	0 37	0 38
0 45	0 39	0 39	0 40	0 41	0 42	0 43
0 50	0 43	0 44	0 45	0 46	0 46	0 47
0 55	0 47	0 48	0 49	0 50	0 51	0 52
0 60	0 52	0 53	0 54	0 55	0 56	0 57
0 65	0 56	0 57	0 58	0 58	0 60	0 61
0 70	0 60	0 61	0 63	0 64	0 65	0 66
0 75	0 65	0 66	0 67	0 68	0 70	0 71
0 80	0 69	0 70	0 71	0 73	0 74	0 76
0 85	0 73	0 75	0 76	0 77	0 79	0 80
0 90	0 77	0 79	0 80	0 82	0 84	0 85
0 95	0 82	0 83	0 85	0 87	0 88	0 90
1 »	0 86	0 88	0 89	0 91	0 93	0 93
2 »	1 72	1 75	1 79	1 82	1 85	1 89
3 »	2 58	2 63	2 68	2 73	2 78	2 84
4 »	3 45	3 51	3 58	3 64	3 71	3 78
5 »	4 30	4 39	4 47	4 56	4 64	4 73
6 »	5 16	5 26	5 36	5 47	5 57	5 67
7 »	6 02	6 14	6 26	6 38	6 50	6 62
8 »	6 89	7 02	7 15	7 29	7 43	7 56
9 »	7 75	7 90	8 05	8 20	8 35	8 50
10 »	8 61	8 77	8 94	9 11	9 28	9 45
11 »	9 47	9 65	9 84	10 02	10 21	10 40
12 »	10 33	10 53	10 73	10 95	11 15	11 34

LONGUEURS.	1,10		1,11		1,12		1,13		1,14		1,15	
0 05	0	05	0	05	0	05	0	05	0	05	0	05
0 10	0	10	0	10	0	10	0	10	0	10	0	11
0 15	0	14	0	15	0	15	0	15	0	16	0	16
0 20	0	19	0	20	0	20	0	20	0	21	0	21
0 25	0	24	0	24	0	25	0	25	0	26	0	26
0 30	0	29	0	29	0	30	0	30	0	31	0	32
0 35	0	34	0	34	0	35	0	36	0	36	0	37
0 40	0	38	0	39	0	40	0	41	0	41	0	42
0 45	0	43	0	44	0	45	0	46	0	47	0	47
0 50	0	48	0	49	0	50	0	51	0	52	0	53
0 55	0	53	0	54	0	55	0	56	0	57	0	58
0 60	0	58	0	59	0	60	0	61	0	62	0	63
0 65	0	63	0	64	0	65	0	66	0	67	0	68
0 70	0	67	0	69	0	70	0	71	0	72	0	74
0 75	0	72	0	74	0	75	0	76	0	78	0	79
0 80	0	77	0	78	0	80	0	82	0	83	0	84
0 85	0	82	0	83	0	85	0	87	0	88	0	89
0 90	0	87	0	88	0	90	0	92	0	93	0	95
0 95	0	92	0	93	0	95	0	97	0	98	1	»
1 »	0	96	0	98	1	»	1	02	1	03	1	05
2 »	1	93	1	96	2	»	2	03	2	07	2	10
3 »	2	89	2	94	2	99	3	05	3	10	3	16
4 »	3	85	3	92	3	99	4	06	4	14	4	21
5 »	4	81	4	90	4	99	5	08	5	17	5	26
6 »	5	78	5	88	5	99	6	10	6	21	6	31
7 »	6	74	6	86	6	99	7	11	7	24	7	37
8 »	7	70	7	84	7	99	8	13	8	27	8	42
9 »	8	67	8	82	8	98	9	15	9	31	9	47
10 »	9	63	9	80	9	98	10	16	10	34	10	52
11 »	10	59	10	79	10	98	11	18	11	38	11	58
12 »	11	55	11	77	11	98	12	19	12	41	12	63

LONGUEURS	1,16	1,17	1,18	1,19	1,20	1,21
0 05	0 05	0 05	0 06	0 06	0 06	0 06
0 10	0 11	0 11	0 11	0 11	0 11	0 12
0 15	0 16	0 16	0 17	0 17	0 17	0 17
0 20	0 21	0 22	0 22	0 23	0 23	0 23
0 25	0 27	0 27	0 28	0 28	0 29	0 29
0 30	0 32	0 33	0 33	0 34	0 34	0 35
0 35	0 37	0 38	0 39	0 39	0 40	0 41
0 40	0 43	0 44	0 44	0 45	0 46	0 47
0 45	0 48	0 49	0 50	0 51	0 52	0 52
0 50	0 53	0 54	0 55	0 56	0 57	0 58
0 55	0 59	0 60	0 61	0 62	0 63	0 64
0 60	0 64	0 65	0 66	0 68	0 69	0 70
0 65	0 70	0 71	0 72	0 75	0 75	0 76
0 70	0 75	0 76	0 78	0 79	0 80	0 82
0 75	0 80	0 82	0 83	0 85	0 86	0 87
0 80	0 86	0 87	0 89	0 90	0 92	0 93
0 85	0 91	0 93	0 94	0 96	0 97	0 99
0 90	0 96	0 98	1 »	1 01	1 03	1 05
0 95	1 02	1 03	1 05	1 07	1 09	1 11
1 »	1 07	1 09	1 11	1 13	1 15	1 17
2 »	2 14	2 18	2 22	2 25	2 29	2 33
3 »	3 21	3 27	3 32	3 38	3 44	3 49
4 »	4 28	4 36	4 43	4 51	4 58	4 66
5 »	5 35	5 45	5 54	5 63	5 75	5 83
6 »	6 42	6 54	6 65	6 76	6 88	6 99
7 »	7 49	7 63	7 76	7 89	8 02	8 16
8 »	8 56	8 71	8 86	9 01	9 17	9 32
9 »	9 63	9 80	9 97	10 14	10 31	10 49
10 »	10 70	10 89	11 08	11 27	11 46	11 65
11 »	11 77	11 98	12 19	12 40	12 61	12 82
12 »	12 84	13 07	13 30	13 52	13 75	13 98

LONGUEURS.	1,22	1,23	1,24	1,25	1,26	1,27
0 05	0 06	0 06	0 06	0 06	0 06	0 06
0 10	0 12	0 12	0 12	0 12	0 13	0 13
0 15	0 18	0 18	0 18	0 19	0 19	0 19
0 20	0 24	0 24	0 24	0 25	0 25	0 26
0 25	0 30	0 30	0 31	0 31	0 32	0 32
0 30	0 36	0 36	0 37	0 37	0 38	0 38
0 35	0 41	0 42	0 43	0 44	0 44	0 45
0 40	0 47	0 48	0 49	0 50	0 51	0 51
0 45	0 53	0 54	0 55	0 56	0 57	0 58
0 50	0 59	0 60	0 61	0 62	0 63	0 64
0 55	0 65	0 66	0 67	0 68	0 70	0 71
0 60	0 71	0 72	0 73	0 75	0 76	0 77
0 65	0 77	0 78	0 80	0 81	0 82	0 83
0 70	0 83	0 84	0 86	0 87	0 88	0 90
0 75	0 89	0 90	0 92	0 93	0 95	0 96
0 80	0 94	0 96	0 98	0 99	1 01	1 03
0 85	1 01	1 02	1 04	1 06	1 07	1 09
0 90	1 07	1 08	1 10	1 12	1 14	1 15
0 95	1 12	1 14	1 16	1 18	1 20	1 22
1 »	1 18	1 20	1 22	1 24	1 26	1 28
2 »	2 37	2 41	2 45	2 49	2 53	2 57
3 »	3 55	3 61	3 67	3 73	3 79	3 85
4 »	4 74	4 82	4 89	4 97	5 05	5 13
5 »	5 92	6 02	6 12	6 22	6 32	6 42
6 »	7 11	7 22	7 34	7 46	7 58	7 70
7 »	8 29	8 43	8 57	8 70	8 84	8 98
8 »	9 48	9 63	9 79	9 95	10 11	10 27
9 »	10 66	10 84	10 02	11 19	11 37	11 55
10 »	11 84	12 04	12 24	12 43	12 63	12 83
11 »	13 03	13 24	13 46	13 68	13 90	14 12
12 »	14 21	14 43	14 68	14 92	15 16	15 40

LONGUEURS	1,28	1,29	1,30	1,31	1,32	1,33
0 05	0 07	0 07	0 07	0 07	0 07	0 07
0 10	0 13	0 13	0 13	0 14	0 14	0 14
0 15	0 20	0 20	0 20	0 20	0 21	0 21
0 20	0 26	0 26	0 27	0 27	0 28	0 28
0 25	0 33	0 33	0 34	0 34	0 35	0 35
0 30	0 39	0 40	0 40	0 41	0 42	0 42
0 35	0 46	0 46	0 47	0 48	0 49	0 49
0 40	0 52	0 53	0 54	0 55	0 55	0 56
0 45	0 59	0 60	0 61	0 61	0 62	0 63
0 50	0 65	0 66	0 67	0 68	0 69	0 70
0 55	0 72	0 73	0 74	0 75	0 76	0 77
0 60	0 78	0 79	0 81	0 82	0 83	0 84
0 65	0 85	0 86	0 87	0 89	0 90	0 92
0 70	0 91	0 93	0 94	0 96	0 97	0 99
0 75	0 98	0 99	1 01	1 02	1 04	1 06
0 80	1 04	1 06	1 07	1 09	1 11	1 13
0 85	1 11	1 13	1 14	1 16	1 18	1 20
0 90	1 17	1 19	1 21	1 23	1 25	1 27
0 95	1 24	1 26	1 28	1 30	1 32	1 34
1 »	1 30	1 32	1 34	1 37	1 39	1 41
2 »	2 61	2 65	2 69	2 73	2 77	2 82
3 »	3 91	3 97	4 05	4 10	4 16	4 22
4 »	5 22	5 30	5 38	5 46	5 55	5 63
5 »	6 52	6 62	6 72	6 83	6 93	7 04
6 »	7 82	7 95	8 07	8 19	8 31	8 45
7 »	9 13	9 27	9 41	9 56	9 71	9 85
8 »	10 43	10 59	10 75	10 92	11 09	11 26
9 »	11 74	11 92	12 11	12 29	12 48	12 67
10 »	13 04	13 24	13 45	13 66	13 87	14 08
11 »	14 34	14 57	14 79	15 02	15 25	15 48
12 »	15 65	15 89	16 14	16 39	16 64	16 89

Circonférence.

LONGUEURS.	1,34	1,35	1,36	1,37	1,38	1,39
0 05	0 07	0,07	0 07	0 07	0 08	0 08
0 10	0 14	0 15	0 15	0 15	0 15	0 15
0 15	0 21	0 22	0 22	0 22	0 23	0 23
0 20	0 29	0 29	0 29	0 30	0 30	0 31
0 25	0 36	0 36	0 57	0 37	0 38	0 38
0 30	0 43	0 44	0 44	0 45	0 45	0 46
0 35	0 50	0 51	0 52	0 52	0 53	0 54
0 40	0 57	0 58	0 59	0 60	0 61	0 62
0 45	0 64	0 65	0 66	0 67	0 68	0 69
0 50	0 71	0 73	0 74	0 75	0 76	0 77
0 55	0 79	0 80	0 81	0 82	0 83	0 85
0 60	0 86	0 87	0·88	0 90	0 91	0 92
0 65	0 93	0 94	0 96	0 97	0 98	1 »
0 70	1 »	1 02	1 03	1 05	1 06	1 08
0 75	1 07	1 09	1 10	1 12	1 14	1 15
0 80	1 14	1 16	1 18	1 19	1 21	1 23
0 85	1 21	1 23	1 25	1 27	1 29	1 31
0 90	1 29	1 31	1 32	1 34	1 36	1 38
0 95	1 36	1 38	1 40	1 42	1 44	1 46
1 »	1 43	1 45	1 47	1 49	1 52	1·54
2 »	2 86	2 90	2 94	2 99	3 03	3 08
3 »	4 29	4 35	4 42	4 48	4 55	4 61
4 »	5 72	5 80	5 89	5 98	6 06	6 15
5 »	7 14	7 25	7 36	7 47	7 58	7 69
6 »	8 57	8 70	8 83	8 96	9 09	9 23
7 »	10 »	10 15	10 30	10 46	10 61	10 76
8 »	11 43	11 60	11 78	11 95	12 12	12 30
9 »	12 86	13 05	13 25	13 45	13 64	13 84
10 »	14 29	14 50	14 72	14 94	15 15	15 37
11 »	15 72	15 95	16 19	16 43	16 67	16 91
12 »	17 13	17 40	17 66	17 92	18 19	18 45

LONGUEURS.	1,40	1,41	1,42	1,43	1,44	1,45
0 05	0 08	0 08	0 08	0 08	0 08	0 08
0 10	0 16	0 16	0 16	0 16	0 17	0 17
0 15	0 23	0 24	0 24	0 24	0 25	0 25
0 20	0 31	0 32	0 32	0 33	0 33	0 33
0 25	0 39	0 40	0 40	0 41	0 41	0 42
0 30	0 47	0 47	0 48	0 49	0 50	0 50
0 35	0 55	0 55	0 56	0 57	0 58	0 59
0 40	0 62	0 63	0 64	0 65	0 66	0 67
0 45	0 70	0 71	0 72	0 73	0 74	0 75
0 50	0 78	0 79	0 80	0 81	0 83	0 84
0 55	0 86	0 87	0 88	0 90	0 91	0 92
0 60	0 94	0 95	0 96	0 98	0 99	1 »
0 65	1 01	1 03	1 04	1 06	1 07	1 09
0 70	1 09	1 11	1 12	1 14	1 16	1 17
0 75	1 17	1 19	1 20	1 22	1 24	1 25
0 80	1 25	1 26	1 28	1 30	1 32	1 34
0 85	1 33	1 34	1 36	1 38	1 40	1 42
0 90	1 40	1 42	1 45	1 46	1 48	1 51
0 95	1 48	1 50	1 53	1 55	1 57	1 59
1 »	1 56	1 58	1 60	1 63	1 65	1 67
2 »	3 12	3 16	3 21	3 25	3 30	3 35
3 »	4 68	4 75	4 81	4 88	4 95	5 02
4 »	6 24	6 33	6 42	6 51	6 60	6 69
5 »	7 80	7 91	8 02	8 14	8 25	8 37
6 »	9 36	9 49	9 63	9 76	9 90	10 04
7 »	10 92	11 07	11 23	11 39	11 55	11 71
8 »	12 48	12 66	12 84	13 02	13 20	13 38
9 »	14 04	14 24	14 45	14 64	14 85	15 06
10 »	15 60	15 82	16 05	16 27	16 50	16 73
11 »	17 16	17 40	17 65	17 90	18 15	18 40
12 »	18 72	18 98	19 26	19 55	19 80	20 08

LONGUEURS.		1,46		1,47		1,48		1,49		1,50		1,51	
0	05	0	08	0	09	0	09	0	09	0	09	0	09
0	10	0	17	0	17	0	17	0	18	0	18	0	18
0	15	0	25	0	26	0	26	0	26	0	27	0	27
0	20	0	34	0	34	0	35	0	35	0	36	0	36
0	25	0	42	0	43	0	44	0	44	0	45	0	45
0	30	0	51	0	52	0	52	0	53	0	54	0	54
0	35	0	59	0	60	0	61	0	62	0	63	0	64
0	40	0	68	0	69	0	70	0	71	0	72	0	73
0	45	0	76	0	77	0	78	0	79	0	81	0	82
0	50	0	85	0	86	0	87	0	88	0	90	0	91
0	55	0	93	0	95	0	96	0	97	0	99	1	»
0	60	1	02	1	03	1	05	1	06	1	07	1	09
0	65	1	10	1	12	1	13	1	15	1	16	1	18
0	70	1	19	1	20	1	22	1	24	1	25	1	27
0	75	1	27	1	29	1	31	1	33	1	34	1	36
0	80	1	36	1	38	1	39	1	41	1	43	1	45
0	85	1	44	1	46	1	48	1	50	1	52	1	54
0	90	1	53	1	55	1	57	1	59	1	61	1	63
0	95	1	61	1	63	1	66	1	68	1	70	1	72
1	»	1	70	1	72	1	74	1	77	1	79	1	82
2	»	3	39	3	44	3	49	3	53	3	58	3	63
3	»	5	09	5	16	5	23	5	30	5	37	5	45
4	»	6	78	6	88	6	97	7	07	7	16	7	26
5	»	8	48	8	60	8	72	8	83	8	95	9	07
6	»	10	18	10	32	10	46	10	60	10	74	10	89
7	»	11	87	12	04	12	20	12	37	12	53	12	70
8	»	13	57	13	76	13	95	14	14	14	32	14	51
9	»	15	26	15	48	15	69	15	90	16	11	16	33
10	»	16	96	17	20	17	43	17	67	17	90	18	14
11	»	18	66	18	92	19	17	19	43	19	70	19	96
12	»	20	36	20	63	20	92	21	20	21	49	21	77

LONGUEURS.

LONGUEURS.	1,52	1,53	1,54	1,55	1,56	1,57
0 05	0 09	0 09	0 09	0 10	0 10	0 10
0 10	0 18	0 19	0 19	0 19	0 19	0 20
0 15	0 28	0 28	0 28	0 29	0 29	0 29
0 20	0 37	0 37	0 38	0 38	0 39	0 39
0 25	0 46	0 47	0 47	0 48	0 48	0 49
0 30	0 55	0 56	0 57	0 57	0 58	0 59
0 35	0 64	0 65	0 66	0 67	0 68	0 69
0 40	0 74	0 75	0 75	0 76	0 77	0 78
0 45	0 83	0 84	0 85	0 86	0 87	0 88
0 50	0 92	0 93	0 94	0 96	0 97	0 98
0 55	1 01	1 02	1 04	1 05	1 07	1 08
0 60	1 10	1 12	1 13	1 15	1 16	1 18
0 65	1 19	1 21	1 23	1 24	1 26	1 28
0 70	1 29	1 30	1 32	1 34	1 36	1 37
0 75	1 38	1 40	1 42	1 43	1 45	1 47
0 80	1 47	1 49	1 51	1 53	1 55	1 57
0 85	1 56	1 58	1 60	1 63	1 65	1 67
0 90	1 66	1 68	1 70	1 72	1 74	1 76
0 95	1 75	1 77	1 79	1 82	1 84	1 86
1 »	1 84	1 86	1 89	1 91	1 94	1 96
2 »	3 68	3 73	3 77	3 82	3 87	3 92
3 »	5 52	5 59	5 66	5 74	5 81	5 88
4 »	7 36	7 45	7 55	7 65	7 75	7 84
5 »	9 19	9 31	9 44	9 56	9 68	9 81
6 »	11 03	11 18	11 32	11 47	11 62	11 77
7 »	12 87	13 04	13 21	13 38	13 56	13 73
8 »	14 71	14 90	15 10	15 30	15 50	15 69
9 »	16 55	16 77	16 98	17 21	17 43	17 65
10 »	18 39	18 63	18 87	19 12	19 37	19 61
11 »	20 22	20 49	20 76	21 03	21 30	21 58
12 »	22 06	22 35	22 65	22 94	23 24	23 54

LONGUEURS.	1,58	1,59	1,60	1,61	1,62	1,63
0 05	0 10	0 10	0 10	0 10	0 10	0 11
0 10	0 20	0 20	0 20	0 21	0 21	0 21
0 15	0 30	0 30	0 31	0 31	0 31	0 32
0 20	0 40	0 40	0 41	0 41	0 42	0 42
0 25	0 50	0 50	0 51	0 52	0 52	0 53
0 30	0 60	0 60	0 61	0 62	0 63	0 63
0 35	0 70	0 70	0 71	0 72	0 73	0 74
0 40	0 79	0 80	0 81	0 83	0 84	0 85
0 45	0 89	0 91	0 92	0 93	0 94	0 95
0 50	0 99	1 01	1 02	1 03	1 04	1 06
0 55	1 09	1 11	1 12	1 13	1 15	1 16
0 60	1 19	1 21	1 22	1 24	1 25	1 27
0 65	1 29	1 31	1 32	1 34	1 36	1 37
0 70	1 39	1 41	1 43	1 44	1 46	1 48
0 75	1 49	1 51	1 53	1 55	1 57	1 59
0 80	1 59	1 61	1 63	1 65	1 67	1 69
0 85	1 69	1 71	1 73	1 75	1 77	1 80
0 90	1 79	1 81	1 83	1 86	1 88	1 90
0 95	1 89	1 91	1 94	1 96	1 98	2 01
1 »	1 99	2 01	2 04	2 06	2 09	2 11
2 »	3 97	4 02	4 07	4 13	4 18	4 23
3 »	5 96	6 04	6 11	6 19	6 26	6 34
4 »	7 95	8 05	8 15	8 25	8 35	8 46
5 »	9 93	10 06	10 19	10 31	10 44	10 57
6 »	11 92	12 07	12 22	12 38	12 53	12 68
7 »	13 91	14 08	14 26	14 44	14 62	14 80
8 »	15 90	16 10	16 30	16 50	16 70	16 91
9 »	17 88	18 11	18 33	18 56	18 79	19 03
10 »	19 87	20 12	20 37	20 63	20 88	21 14
11 »	21 85	22 13	22 40	22 69	22 97	23 26
12 »	23 84	24 14	24 43	24 75	25 06	25 37

LONGUEURS.	1,64		1,65		1,66		1,67		1,68		1,69	
0 05	0	11	0	11	0	11	0	11	0	11	0	11
0 10	0	21	0	22	0	22	0	22	0	22	0	23
0 15	0	32	0	32	0	33	0	33	0	34	0	34
0 20	0	43	0	43	0	44	0	44	0	45	0	45
0 25	0	54	0	54	0	55	0	55	0	56	0	57
0 30	0	64	0	65	0	66	0	67	0	67	0	68
0 35	0	75	0	76	0	77	0	78	0	79	0	80
0 40	0	86	0	87	0	88	0	89	0	90	0	91
0 45	0	96	0	97	0	99	1	»	1	01	1	02
0 50	1	07	1	08	1	10	1	11	1	12	1	14
0 55	1	18	1	19	1	21	1	22	1	24	1	25
0 60	1	28	1	30	1	32	1	33	1	35	1	36
0 65	1	39	1	41	1	43	1	44	1	46	1	48
0 70	1	50	1	52	1	54	1	55	1	57	1	59
0 75	1	61	1	63	1	65	1	67	1	68	1	70
0 80	1	71	1	73	1	75	1	78	1	80	1	82
0 85	1	82	1	84	1	86	1	89	1	91	1	93
0 90	1	93	1	95	1	97	2	»	2	02	2	05
0 95	2	03	2	06	2	08	2	11	2	13	2	16
1 »	2	14	2	17	2	19	2	22	2	25	2	27
2 »	4	28	4	33	4	39	4	44	4	49	4	55
3 »	6	42	6	50	6	58	6	66	6	74	6	82
4 »	8	56	8	66	8	77	8	88	8	98	9	09
5 »	10	72	10	83	10	96	11	10	11	23	11	36
6 »	12	85	13	»	13	16	13	31	13	47	13	64
7 »	14	99	15	17	15	35	15	53	15	72	15	91
8 »	17	13	17	33	17	54	17	75	17	97	18	18
9 »	19	27	19	50	19	74	19	97	20	21	20	46
10 »	21	41	21	66	21	93	22	19	22	46	22	73
11 »	23	55	23	83	24	12	24	41	24	71	25	»
12 »	25	69	26	»	26	31	26	63	26	95	27	27

LONGUEURS.	1,70		1,71		1,72		1,73		1,74		1,75	
0 05	0	11	0	12	0	12	0	12	0	12	0	12
0 10	0	23	0	23	0	24	0	24	0	24	0	24
0 15	0	34	0	35	0	35	0	36	0	36	0	37
0 20	0	46	0	47	0	47	0	48	0	48	0	49
0 25	0	57	0	58	0	59	0	60	0	60	0	61
0 30	0	69	0	70	0	71	0	71	0	72	0	73
0 35	0	80	0	81	0	82	0	83	0	84	0	85
0 40	0	92	0	93	0	94	0	95	0	96	0	97
0 45	1	03	1	05	1	06	1	07	1	08	1	10
0 50	1	15	1	16	1	18	1	19	1	20	1	22
0 55	1	26	1	28	1	29	1	31	1	33	1	34
0 60	1	38	1	40	1	41	1	43	1	45	1	46
0 65	1	49	1	51	1	53	1	55	1	57	1	58
0 70	1	61	1	63	1	65	1	67	1	69	1	71
0 75	1	72	1	75	1	77	1	79	1	81	1	83
0 80	1	84	1	86	1	88	1	91	1	93	1	95
0 85	1	95	1	98	2	»	2	02	2	05	2	07
0 90	2	07	2	09	2	12	2	14	2	17	2	19
0 95	2	18	2	21	2	24	2	26	2	29	2	31
1 »	2	30	2	33	2	35	2	38	2	41	2	44
2 »	4	60	4	65	4	71	4	76	4	82	4	87
3 »	6	90	6	98	7	06	7	15	7	23	7	31
4 »	9	20	9	31	9	42	9	53	9	64	9	75
5 »	11	50	11	63	11	77	11	91	12	05	12	19
6 »	13	80	13	96	14	12	14	29	14	45	14	62
7 »	16	10	16	29	16	48	16	67	16	86	17	06
8 »	18	40	18	62	18	83	19	05	19	27	19	49
9 »	20	70	20	94	21	19	21	44	21	68	21	93
10 »	23	»	23	27	23	54	23	82	24	09	24	37
11 »	25	30	25	60	25	90	26	20	26	50	26	80
12 »	27	60	27	92	28	25	28	58	28	91	29	23

LONGUEURS.	1,76		1,77		1,78		1,79		1,80		1.81	
0 05	0	12	0	12	0	13	0	13	0	13	0	13
0 10	0	25	0	25	0	25	0	25	0	26	0	26
0 15	0	37	0	37	0	38	0	38	0	39	0	39
0 20	0	49	0	50	0	50	0	51	0	52	0	52
0 25	0	62	0	62	0	63	0	64	0	64	0	65
0 30	0	74	0	75	0	76	0	76	0	77	0	78
0 35	0	86	0	87	0	88	0	89	0	90	0	91
0 40	0	99	1	»	1	01	1	02	1	03	1	04
0 45	1	11	1	12	1	13	1	15	1	16	1	17
0 50	1	23	1	25	1	26	1	27	1	29	1	30
0 55	1	36	1	37	1	39	1	40	1	42	1	43
0 60	1	48	1	50	1	51	1	53	1	55	1	56
0 65	1	60	1	62	1	64	1	66	1	68	1	69
0 70	1	73	1	75	1	76	1	78	1	80	1	82
0 75	1	85	1	87	1	89	1	91	1	93	1	96
0 80	1	97	1	99	2	02	2	04	2	06	2	09
0 85	2	10	2	12	2	14	2	17	2	19	2	22
0 90	2	22	2	24	2	27	2	29	2	32	2	35
0 95	2	34	2	37	2	39	2	42	2	45	2	48
1 »	2	47	2	49	2	52	2	55	2	58	2	61
2 »	4	93	4	99	5	04	5	10	5	16	5	21
3 »	7	40	7	48	7	56	7	65	7	73	7	82
4 »	9	86	9	97	10	08	10	20	10	31	10	43
5 »	12	33	12	47	12	61	12	75	12	89	13	04
6 »	14	79	14	96	15	13	15	30	15	47	15	64
7 »	17	26	17	45	17	65	17	85	18	05	18	25
8 »	19	72	19	94	20	17	20	40	20	63	20	86
9 »	22	18	22	44	22	69	22	95	23	20	23	46
10 »	24	65	24	93	25	21	25	50	25	78	26	07
11 »	27	12	27	42	27	73	28	05	28	36	28	68
12 »	29	58	29	92	30	26	30	60	30	94	31	28

LONGUEURS		1,82		1,83		1,84		1,85		1,86		1,87	
0	05	0	13	0	13	0	13	0	14	0	14	0	14
0	10	0	26	0	27	0	27	0	27	0	28	0	28
0	15	0	40	0	40	0	40	0	41	0	41	0	42
0	20	0	53	0	53	0	54	0	54	0	55	0	56
0	25	0	66	0	67	0	67	0	68	0	69	0	70
0	30	0	79	0	80	0	81	0	82	0	83	0	85
0	35	0	92	0	93	0	94	0	95	0	96	0	97
0	40	1	05	1	07	1	08	1	09	1	10	1	11
0	45	1	19	1	20	1	21	1	23	1	24	1	25
0	50	1	32	1	33	1	35	1	36	1	38	1	39
0	55	1	45	1	47	1	48	1	50	1	51	1	53
0	60	1	58	1	60	1	62	1	63	1	65	1	67
0	65	1	71	1	73	1	75	1	77	1	79	1	81
0	70	1	85	1	87	1	89	1	91	1	93	1	95
0	75	1	98	2	»	2	02	2	04	2	06	2	09
0	80	2	11	2	13	2	16	2	18	2	20	2	23
0	85	2	24	2	27	2	29	2	31	2	34	2	37
0	90	2	37	2	40	2	42	2	45	2	48	2	51
0	95	2	50	2	53	2	56	2	59	2	62	2	64
1	»	2	64	2	66	2	69	2	72	2	75	2	78
2	»	5	27	5	33	5	39	5	45	5	51	5	57
3	»	7	91	7	99	8	08	8	17	8	26	8	35
4	»	10	54	10	66	10	78	10	90	11	01	11	13
5	»	13	18	13	32	13	47	13	62	13	77	13	91
6	»	15	81	15	99	16	17	16	34	16	52	16	70
7	»	18	45	18	66	18	86	19	07	19	27	19	48
8	»	21	09	21	33	21	55	21	79	22	02	22	26
9	»	23	72	23	99	24	25	24	52	24	78	25	05
10	»	26	36	26	65	26	94	27	24	27	53	27	83
11	»	28	99	29	31	29	64	29	96	30	28	30	61
12	»	31	63	31	98	32	33	32	68	33	04	33	39

LONGUEURS.	1,88	1,89	1,90	1,91	1,92	1,93
0 05	0 14	0 14	0 14	0 15	0 15	0 15
0 10	0 28	0 28	0 29	0 29	0 29	0 30
0 15	0 42	0 43	0 43	0 44	0 44	0 44
0 20	0 56	0 57	0 57	0 58	0 59	0 59
0 25	0 70	0 71	0 72	0 73	0 73	0 74
0 30	0 84	0 85	0 86	0 87	0 88	0 89
0 35	0 98	0 99	1 01	1 02	1 03	1 04
0 40	1 12	1 14	1 15	1 16	1 17	1 18
0 45	1 27	1 28	1 29	1 31	1 32	1 33
0 50	1 41	1 42	1 44	1 45	1 47	1 48
0 55	1 55	1 56	1 58	1 60	1 61	1 63
0 60	1 69	1 71	1 72	1 74	1 76	1 78
0 65	1 83	1 85	1 87	1 89	1 91	1 93
0 70	1 97	1 99	2 01	2 03	2 05	2 07
0 75	2 11	2 13	2 15	2 18	2 20	2 22
0 80	2 25	2 27	2 30	2 32	2 35	2 37
0 85	2 39	2 42	2 44	2 47	2 49	2 52
0 90	2 53	2 56	2 59	2 61	2 64	2 67
0 95	2 67	2 70	2 73	2 76	2 79	2 82
1 »	2 81	2 84	2 87	2 90	2 93	2 96
2 »	5 63	5 69	5 75	5 81	5 87	5 93
3 »	8 44	8 53	8 62	8 71	8 80	8 89
4 »	11 25	11 37	11 49	11 61	11 73	11 86
5 »	14 06	14 21	14 36	14 52	14 67	14 82
6 »	16 88	17 06	17 24	17 42	17 60	17 78
7 »	19 69	19 90	20 11	20 32	20 53	20 74
8 »	22 50	22 74	22 98	23 22	23 47	23 71
9 »	25 32	25 59	25 86	26 13	26 41	26 68
10 »	28 13	28 43	28 73	29 03	29 34	29 64
11 »	30 94	31 27	31 60	31 93	32 27	32 61
12 »	33 75	34 11	34 47	34 84	35 20	35 57

LONGUEURS.	1,94		1,95		1,96		1,97		1,98		1,99	
0 05	0	15	0	15	0	15	0	15	0	16	0	16
0 10	0	30	0	30	0	31	0	31	0	31	0	32
0 15	0	45	0	45	0	46	0	46	0	47	0	47
0 20	0	60	0	61	0	61	0	62	0	62	0	63
0 25	0	75	0	76	0	76	0	77	0	78	0	79
0 30	0	90	0	91	0	92	0	93	0	94	0	95
0 35	1	05	1	06	1	07	1	08	1	09	1	10
0 40	1	20	1	21	1	22	1	24	1	25	1	26
0 45	1	35	1	36	1	38	1	39	1	40	1	42
0 50	1	50	1	51	1	53	1	54	1	56	1	58
0 55	1	65	1	66	1	68	1	70	1	72	1	73
0 60	1	80	1	82	1	83	1	85	1	87	1	89
0 65	1	95	1	97	1	99	2	01	2	03	2	05
0 70	2	10	2	12	2	14	2	16	2	18	2	21
0 75	2	25	2	27	2	29	2	32	2	34	2	36
0 80	2	40	2	42	2	45	2	47	2	50	2	52
0 85	2	55	2	57	2	60	2	63	2	65	2	68
0 90	2	70	2	72	2	75	2	78	2	81	2	84
0 95	2	85	2	87	2	90	2	93	2	96	2	99
1 »	3	»	3	03	3	06	3	09	3	12	3	15
2 »	5	99	6	05	6	11	6	18	6	24	6	30
3 »	8	98	9	08	9	17	9	26	9	36	9	46
4 »	11	98	12	10	12	23	12	35	12	48	12	61
5 »	14	97	15	13	15	29	15	44	15	60	15	76
6 »	17	97	18	16	18	34	18	53	18	72	18	91
7 »	20	96	21	18	21	40	21	62	21	84	22	06
8 »	23	96	24	21	24	46	24	71	24	96	25	22
9 »	26	95	27	23	27	51	27	79	28	08	28	37
10 »	29	95	30	26	30	57	30	88	31	20	31	52
11 »	32	94	33	29	33	63	33	97	34	32	34	67
12 »	35	94	36	31	36	68	37	06	37	44	37	82

LONGUEURS.	2,00	2,01	2,02	2,03	2,04	2,05
0 05	0 16	0 16	0 16	0 16	0 17	0 17
0 10	0 32	0 32	0 32	0 33	0 33	0 33
0 15	0 48	0 48	0 49	0 49	0 50	0 50
0 20	0 64	0 64	0 65	0 66	0 66	0 67
0 25	0 80	0 80	0 81	0 82	0 83	0 84
0 30	0 95	0 96	0 97	0 98	0 99	1 »
0 35	1 11	1 12	1 14	1 15	1 16	1 17
0 40	1 27	1 29	1 30	1 31	1 32	1 34
0 45	1 43	1 45	1 46	1 48	1 49	1 50
0 50	1 59	1 61	1 62	1 64	1 66	1 67
0 55	1 75	1 77	1 79	1 80	1 82	1 84
0 60	1 91	1 93	1 95	1 97	1 99	2 01
0 65	2 07	2 09	2 11	2 13	2 15	2 17
0 70	2 23	2 25	2 27	2 30	2 32	2 34
0 75	2 39	2 41	2 44	2 46	2 48	2 51
0 80	2 55	2 57	2 60	2 62	2 65	2 68
0 85	2 70	2 73	2 76	2 79	2 82	2 84
0 90	2 86	2 89	2 92	2 95	2 98	3 01
0 95	3 02	3 05	3 08	3 12	3 15	3 17
1 »	3 18	3 21	3 25	3 28	3 31	3 34
2 »	6 37	6 43	6 49	6 56	6 62	6 69
3 »	9 55	9 64	9 74	9 84	9 93	10 03
4 »	12 73	12 86	12 99	13 12	13 25	13 38
5 »	15 92	16 07	16 24	16 40	16 56	16 72
6 »	19 10	19 29	19 48	19 68	19 87	20 07
7 »	22 28	22 50	22 73	22 95	23 18	23 41
8 »	25 46	25 72	25 98	26 23	26 49	26 75
9 »	28 65	28 93	29 22	29 51	29 81	30 10
10 »	31 83	32 15	32 47	32 79	33 12	33 44
11 »	35 01	35 36	35 72	36 07	36 43	36 79
12 »	38 20	38 58	38 96	39 35	39 74	40 13

LONGUEURS.	2,06		2,07		2,08		2,09		2,10		2,11	
0 05	0	17	0	17	0	17	0	17	0	18	0	18
0 10	0	34	0	34	0	34	0	35	0	35	0	35
0 15	0	51	0	51	0	52	0	52	0	53	0	53
0 20	0	68	0	68	0	69	0	70	0	70	0	71
0 25	0	84	0	85	0	86	0	87	0	88	0	89
0 30	1	01	1	02	1	03	1	04	1	05	1	06
0 35	1	18	1	19	1	20	1	21	1	23	1	24
0 40	1	35	1	36	1	38	1	39	1	40	1	42
0 45	1	52	1	56	1	55	1	56	1	58	1	59
0 50	1	69	1	70	1	72	1	74	1	75	1	77
0 55	1	86	1	88	1	89	1	91	1	93	1	95
0 60	2	03	2	05	2	07	2	09	2	10	2	12
0 65	2	19	2	22	2	24	2	26	2	28	2	30
0 70	2	36	2	39	2	41	2	43	2	46	2	48
0 75	2	53	2	56	2	58	2	61	2	63	2	66
0 80	2	70	2	73	2	75	2	78	2	81	2	83
0 85	2	87	2	90	2	93	2	95	2	98	3	01
0 90	3	05	3	08	3	10	3	13	3	16	3	19
0 95	3	21	3	24	3	27	3	30	3	33	3	36
1 »	3	38	3	41	3	44	3	48	3	51	3	54
2 »	6	75	6	82	6	89	6	95	7	02	7	09
3 »	10	13	10	23	10	33	10	43	10	53	10	63
4 »	13	51	13	64	13	77	13	90	14	03	14	17
5 »	16	88	17	05	17	21	17	38	17	54	17	71
6 »	20	26	20	46	20	66	20	86	21	05	21	25
7 »	23	64	23	87	24	10	24	33	24	56	24	80
8 »	27	01	27	28	27	54	27	81	28	07	28	34
9 »	30	39	30	69	30	99	31	28	31	58	31	89
10 »	33	77	34	10	34	43	34	76	35	09	35	43
11 »	37	15	37	51	37	87	38	24	38	60	38	97
12 »	40	52	40	92	41	31	41	71	42	11	42	51

LONGUEURS	2,12	2,13	2,14	2,15	2,16	2,17
0 05	0 18	0 18	0 18	0 18	0 19	0 19
0 10	0 36	0 36	0 36	0 37	0 37	0 37
0 15	0 54	0 54	0 55	0 55	0 56	0 56
0 20	0 72	0 72	0 73	0 74	0 74	0 75
0 25	0 89	0 90	0 91	0 92	0 93	0 94
0 30	1 07	1 08	1 09	1 10	1 11	1 12
0 35	1 25	1 26	1 28	1 29	1 30	1 31
0 40	1 43	1 44	1 46	1 47	1 49	1 50
0 45	1 61	1 62	1 64	1 66	1 67	1 69
0 50	1 79	1 81	1 82	1 84	1 86	1 87
0 55	1 97	1 99	2 »	2 02	2 04	2 06
0 60	2 15	2 17	2 19	2 21	2 23	2 25
0 65	2 32	2 35	2 37	2 39	2 41	2 44
0 70	2 50	2 53	2 55	2 58	2 60	2 62
0 75	2 68	2 71	2 73	2 76	2 78	2 81
0 80	2 87	2 89	2 92	2 94	2 97	3 »
0 85	3 04	3 07	3 10	3 13	3 16	3 19
0 90	3 22	3 25	3 28	3 31	3 34	3 37
0 95	3 40	3 43	3 46	3 49	3 53	3 56
1 »	3 58	3 61	3 64	3 68	3 71	3 74
2 »	7 15	7 22	7 29	7 36	7 43	7 49
3 »	10 73	10 83	10 93	11 04	11 14	11 24
4 »	14 31	14 44	14 58	14 71	14 85	14 99
5 »	17 88	18 05	18 22	18 39	18 56	18 74
6 »	21 46	21 66	21 87	22 07	22 28	22 48
7 »	25 04	25 27	25 51	25 75	25 99	26 23
8 »	28 61	28 88	29 15	29 43	29 70	29 98
9 »	32 19	32 49	32 80	33 11	33 42	33 73
10 »	35 77	36 10	36 44	36 79	37 13	37 47
11 »	39 34	39 71	40 09	40 46	40 84	41 22
12 »	42 92	43 32	43 73	44 14	44 55	44 97

LONGUEURS.	2,18	2,19	2,20	2,21	2,22	2,23
0 05	0 19	0 19	0 19	0 19	0 20	0 20
0 10	0 38	0 38	0 39	0 39	0 39	0 40
0 15	0 57	0 57	0 58	0 58	0 59	0 59
0 20	0 76	0 76	0 77	0 78	0 78	0 79
0 25	0 95	0 95	0 96	0 97	0 98	0 99
0 30	1 13	1 14	1 16	1 17	1 18	1 19
0 35	1 32	1 34	1 35	1 36	1 37	1 39
0 40	1 51	1 53	1 54	1 55	1 57	1 58
0 45	1 70	1 72	1 73	1 75	1 77	1 78
0 50	1 89	1 91	1 93	1 94	1 96	1 98
0 55	2 08	2 10	2 12	2 14	2 16	2 18
0 60	2 27	2 29	2 31	2 33	2 35	2 37
0 65	2 46	2 48	2 50	2 53	2 55	2 57
0 70	2 65	2 67	2 70	2 72	2 75	2 77
0 75	2 84	2 86	2 89	2 92	2 94	2 97
0 80	3 03	3 05	3 08	3 11	3 14	3 17
0 85	3 21	3 24	3 27	3 30	3 33	3 36
0 90	3 40	3 44	3 47	3 50	3 53	3 56
0 95	3 59	3 63	3 66	3 69	3 73	3 76
1 »	3 78	3 82	3 85	3 89	3 92	3 96
2 »	7 56	7 63	7 70	7 77	7 84	7 91
3 »	11 35	11 45	11 56	11 66	11 77	11 87
4 »	15 13	15 27	15 41	15 55	15 69	15 83
5 »	18 91	19 08	19 26	19 43	19 61	19 79
6 »	22 69	22 90	23 11	23 32	23 53	23 74
7 »	26 47	26 72	26 96	27 21	27 46	27 70
8 »	30 25	30 53	30 81	31 09	31 38	31 66
9 »	34 04	34 35	34 67	34 98	35 30	35 61
10 »	37 82	38 17	38 52	38 87	39 22	39 57
11 »	41 60	41 98	42 37	42 75	43 14	43 53
12 »	45 38	45 80	46 22	46 64	47 06	47 49

LONGUEURS		2,24	2,25	2,26	2,27	2,28	2,29
0	05	0 20	0 20	0 20	0 21	0 21	0 21
0	10	0 40	0 40	0 41	0 41	0 41	0 42
0	15	0 60	0 60	0 61	0 62	0 62	0 63
0	20	0 80	0 81	0 81	0 82	0 83	0 83
0	25	1 »	1 01	1 02	1 03	1 03	1 04
0	30	1 20	1 21	1 22	1 23	1 24	1 25
0	35	1 40	1 41	1 42	1 44	1 45	1 46
0	40	1 60	1 61	1 63	1 64	1 65	1 67
0	45	1 80	1 81	1 83	1 85	1 86	1 88
0	50	2 »	2 01	2 03	2 05	2 07	2 09
0	55	2 20	2 22	2 24	2 26	2 27	2 29
0	60	2 40	2 42	2 44	2 46	2 48	2 50
0	65	2 59	2 62	2 64	2 67	2 69	2 71
0	70	2 79	2 82	2 84	2 87	2 90	2 92
0	75	2 99	3 02	3 05	3 08	3 10	3 13
0	80	3 19	3 22	3 25	3 28	3 31	3 34
0	85	3 39	3 42	3 45	3 49	3 52	3 55
0	90	3 59	3 63	3 66	3 69	3 72	3 76
0	95	3 79	3 83	3 86	3 90	3 93	3 97
1	»	3 99	4 03	4 06	4 10	4 14	4 17
2	»	7 99	8 06	8 13	8 20	8 27	8 35
3	»	11 98	12 08	12 19	12 30	12 41	12 52
4	»	15 97	16 11	16 26	16 40	16 55	16 69
5	»	19 96	20 14	20 32	20 51	20 69	20 87
6	»	23 96	24 17	24 39	24 61	24 82	25 04
7	»	27 95	28 20	28 45	28 71	28 96	29 21
8	»	31 94	32 23	32 52	32 81	33 10	33 38
9	»	35 94	36 26	36 58	36 91	37 23	37 56
10	»	39 93	40 29	40 65	41 01	41 37	41 73
11	»	43 92	44 31	44 71	45 11	45 50	45 90
12	»	47 91	48 34	48 77	49 21	49 64	50 08

LONGUEURS.		2,30	2,31	2,32	2,33	2,34	2,35
0	05	0 21	0 21	0 21	0 22	0 22	0 22
0	10	0 42	0 42	0 43	0 43	0 44	0 44
0	15	0 63	0 64	0 64	0 65	0 65	0 66
0	20	0 84	0 85	0 86	0 86	0 87	0 88
0	25	1 05	1 06	1 07	1 08	1 09	1 10
0	30	1 26	1 27	1 28	1 30	1 31	1 32
0	35	1 47	1 49	1 50	1 51	1 52	1 54
0	40	1 68	1 70	1 71	1 73	1 74	1 76
0	45	1 89	1 91	1 93	1 94	1 96	1 98
0	50	2 10	2 12	2 14	2 16	2 18	2 20
0	55	2 32	2 34	2 36	2 38	2 40	2 42
0	60	2 53	2 55	2 57	2 59	2 61	2 64
0	65	2 74	2 76	2 78	2 81	2 83	2 86
0	70	2 95	2 97	3 »	3 02	3 05	3 08
0	75	3 16	3 18	3 21	3 24	3 27	3 30
0	80	3 37	3 40	3 43	3 46	3 49	3 52
0	85	3 58	3 61	3 64	3 67	3 70	3 74
0	90	3 79	3 82	3 86	3 89	3 92	3 96
0	95	3 90	3 93	3 97	4 »	4 04	4 08
1	»	4 21	4 25	4 28	4 32	4 36	4 39
2	»	8 42	8 49	8 57	8 64	8 71	8 79
3	»	12 63	12 74	12 85	12 96	13 07	13 18
4	»	16 84	16 98	17 13	17 28	17 43	17 58
5	»	21 05	21 23	21 42	21 60	21 79	21 97
6	»	25 26	25 48	25 70	25 92	26 14	26 57
7	»	29 47	29 72	29 98	30 24	30 50	50 77
8	»	33 68	33 97	34 26	34 56	34 86	35 16
9	»	37 89	37 22	38 55	38 88	39 21	39 55
10	»	42 10	42 46	42 85	43 20	43 57	43 95
11	»	46 51	47 71	47 12	47 52	47 93	48 34
12	»	50 52	50 96	51 40	51 84	52 29	52 74

LONGUEURS.	2,36	2,37	2,38	2,39	2,40	2,41
0 05	0 22	0 22	0 23	0 23	0 23	0 23
0 10	0 44	0 45	0 45	0 45	0 46	0 46
0 15	0 66	0 67	0 68	0 68	0 69	0 69
0 20	0 89	0 89	0 90	0 91	0 92	0 92
0 25	1 11	1 12	1 13	1 14	1 15	1 16
0 30	1 33	1 34	1 35	1 36	1 38	1 39
0 35	1 55	1 56	1 58	1 59	1 60	1 62
0 40	1 77	1 79	1 80	1 82	1 83	1 85
0 45	1 99	2 01	2 03	2 05	2 06	2 08
0 50	2 22	2 23	2 25	2 27	2 29	2 31
0 55	2 44	2 46	2 48	2 50	2 52	2 54
0 60	2 66	2 68	2 70	2 75	2 75	2 77
0 65	2 88	2 91	2 93	2 95	2 98	3 »
0 70	3 10	3 13	3 16	3 18	3 21	3 24
0 75	3 32	3 35	3 38	3 41	3 44	3 47
0 80	3 55	3 58	3 61	3 64	3 67	3 70
0 85	3 77	3 80	3 83	3 86	3 90	3 93
0 90	3 99	4 02	4 06	4 09	4 13	4 16
0 95	4 21	4 25	4 28	4 32	4 35	4 39
1 »	4 43	4 47	4 51	4 55	4 58	4 62
2 »	8 86	8 94	9 02	9 09	9 17	9 24
3 »	13 30	13 41	13 52	13 64	13 75	13 86
4 »	17 75	17 88	18 03	18 18	18 33	18 48
5 »	22 16	22 35	22 54	22 75	22 92	23 11
6 »	26 59	26 82	27 05	27 27	27 50	27 75
7 »	31 02	31 29	31 56	31 82	32 09	32 55
8 »	35 46	35 76	36 06	36 37	36 67	36 97
9 »	39 89	40 23	40 57	40 91	41 26	41 60
10 »	44 32	44 70	45 08	45 46	45 84	46 22
11 »	48 75	49 17	49 58	50 »	50 42	50 84
12 »	53 19	53 64	54 09	54 55	55 »	55 46

LONGUEURS.	2,42	2,43	2,44	2,45	2,46	2,47
0 05	0 23	0 23	0 24	0 24	0 24	0 24
0 10	0 47	0 47	0 47	0 48	0 48	0 49
0 15	0 70	0 70	0 71	0 72	0 72	0 73
0 20	0 93	0 94	0 95	0 96	0 96	0 97
0 25	1 17	1 17	1 18	1 19	1 20	1 21
0 30	1 40	1 41	1 42	1 43	1 44	1 46
0 35	1 63	1 64	1 66	1 67	1 69	1 70
0 40	1 86	1 88	1 90	1 91	1 93	1 94
0 45	2 10	2 11	2 13	2 15	2 17	2 18
0 50	2 33	2 35	2 37	2 39	2 41	2 43
0 55	2 56	2 58	2 61	2 63	2 65	2 67
0 60	2 80	2 82	2 84	2 87	2 89	2 91
0 65	3 03	3 05	3 08	3 10	3 13	3 16
0 70	3 26	3 29	3 32	3 34	3 37	3 40
0 75	3 50	3 52	3 55	3 58	3 61	3 64
0 80	3 73	3 76	3 79	3 82	3 85	3 88
0 85	3 96	3 99	4 03	4 06	4 09	4 13
0 90	4 19	4 23	4 26	4 30	4 33	4 37
0 95	4 43	4 46	4 50	4 54	4 57	4 61
1 »	4 66	4 70	4 74	4 78	4 82	4 86
2 »	9 32	9 40	9 47	9 55	9 63	9 71
3 »	13 98	14 10	14 21	14 33	14 45	14 56
4 »	18 64	18 80	18 95	19 11	19 26	19 42
5 »	23 30	23 49	23 69	23 88	24 08	24 27
6 »	27 96	28 19	28 43	28 66	28 89	29 13
7 »	32 62	32 89	33 16	33 44	33 71	33 98
8 »	37 28	37 59	37 90	38 21	38 53	38 84
9 »	41 94	42 29	42 64	42 99	43 34	43 69
10 »	46 60	46 99	47 38	47 77	48 16	48 55
11 »	51 26	51 69	52 11	52 54	52 97	53 40
12 »	55 92	56 39	56 85	57 32	57 79	58 26

LONGUEURS.	2,48	2,49	2,50	2,51	2,52	2,53
0 05	0 24	0 25	0 25	0 25	0 25	0 25
0 10	0 49	0 49	0 50	0 50	0 51	0 51
0 15	0 73	0 74	0 75	0 75	0 76	0 76
0 20	0 98	0 99	0 99	1 »	1 01	1 02
0 25	1 22	1 23	1 24	1 25	1 26	1 27
0 30	1 47	1 48	1 49	1 50	1 52	1 53
0 35	1 71	1 73	1 74	1 75	1 77	1 78
0 40	1 96	1 97	1 99	2 01	2 02	2 04
0 45	2 20	2 22	2 24	2 26	2 27	2 29
0 50	2 45	2 47	2 48	2 51	2 53	2 55
0 55	2 69	2 71	2 73	2 76	2 78	2 80
0 60	2 94	2 96	2 98	3 01	3 03	3 06
0 65	3 20	3 21	3 23	3 26	3 28	3 31
0 70	3 43	3 45	3 48	3 51	3 54	3 57
0 75	3 67	3 70	3 73	3 76	3 79	3 82
0 80	3 92	3 95	3 98	4 01	4 04	4 08
0 85	4 16	4 19	4 23	4 26	4 29	4 33
0 90	4 40	4 44	4 48	4 51	4 55	4 58
0 95	4 65	4 69	4 72	4 76	4 80	4 84
1 »	4 89	4 93	4 97	5 01	5 05	5 09
2 »	9 79	9 87	9 95	10 03	10 11	10 19
3 »	14 68	14 80	14 92	15 04	15 16	15 28
4 »	19 58	19 74	19 89	20 05	20 21	20 37
5 »	24 47	24 67	24 87	25 07	25 27	25 47
6 »	29 36	29 60	29 84	30 08	30 32	30 56
7 »	34 26	34 54	34 81	35 09	35 37	35 66
8 »	39 15	39 47	39 79	40 10	40 42	40 75
9 »	44 05	44 41	44 76	45 12	45 48	45 84
10 »	48 94	49 34	49 74	50 13	50 53	50 94
11 »	53 84	54 27	54 71	55 15	55 59	56 03
12 »	58 73	59 21	59 68	60 16	60 64	61 12

LONGUEURS.	2,54	2,55	2,56	2,57	2,58	2,59
0 05	0 26	0 26	0 26	0 26	0 26	0 27
0 10	0 51	0 52	0 52	0 53	0 53	0 53
0 15	0 77	0 78	0 78	0 79	0 79	0 80
0 20	1 03	1 03	1 04	1 05	1 06	1 07
0 25	1 28	1 29	1 30	1 31	1 32	1 33
0 30	1 54	1 55	1 57	1 58	1 59	1 60
0 35	1 80	1 81	1 83	1 84	1 85	1 87
0 40	2 05	2 07	2 09	2 10	2 12	2 14
0 45	2 31	2 33	2 35	2 37	2 38	2 40
0 50	2 57	2 59	2 61	2 63	2 65	2 67
0 55	2 82	2 85	2 87	2 89	2 91	2 94
0 60	3 08	3 10	3 13	3 15	3 18	3 20
0 65	3 34	3 36	3 39	3 42	3 44	3 47
0 70	3 59	3 62	3 65	3 68	3 71	3 74
0 75	3 85	3 88	3 91	3 94	3 97	4 »
0 80	4 11	4 14	4 17	4 20	4 24	4 27
0 85	4 36	4 40	4 43	4 47	4 50	4 54
0 90	4 62	4 66	4 69	4 73	4 77	4 80
0 95	4 88	4 92	4 95	4 99	5 03	5 07
1 »	5 15	5 17	5 22	5 26	5 30	5 34
2 »	10 27	10 35	10 43	10 51	10 59	10 68
3 »	15 40	15 52	15 65	15 77	15 89	16 01
4 »	20 53	20 70	20 86	21 02	21 19	21 35
5 »	25 67	25 87	26 08	26 28	26 48	26 69
6 »	30 80	31 05	31 29	31 54	31 78	32 03
7 »	35 94	36 22	36 51	36 79	37 08	37 37
8 »	41 07	41 39	41 72	42 05	42 38	42 70
9 »	46 21	46 57	46 93	47 30	47 67	48 04
10 »	51 34	51 74	52 15	52 56	52 97	53 38
11 »	56 47	56 92	57 57	57 82	58 27	58 72
12 »	61 61	62 09	62 58	63 07	63 56	64 07

LONGUEURS.	2,60	2,61	2,62	2,63	2,64	2,65
0 05	0 27	0 27	0 27	0 28	0 28	0 28
0 10	0 54	0 54	0 55	0 55	0 55	0 56
0 15	0 81	0 81	0 82	0 83	0 83	0 84
0 20	1 08	1 08	1 09	1 10	1 11	1 12
0 25	1 34	1 36	1 37	1 38	1 39	1 40
0 30	1 61	1 63	1 64	1 65	1 66	1 68
0 35	1 88	1 90	1 91	1 93	1 94	1 96
0 40	2 15	2 17	2 18	2 20	2 22	2 24
0 45	2 42	2 44	2 46	2 48	2 50	2 51
0 50	2 69	2 71	2 73	2 75	2 77	2 79
0 55	2 96	2 98	3 »	3 03	3 05	3 07
0 60	3 23	3 25	3 28	3 30	3 33	3 35
0 65	3 50	3 52	3 55	3 58	3 61	3 63
0 70	3 77	3 79	3 82	3 85	3 88	3 91
0 75	4 03	4 06	4 09	4 13	4 16	4 19
0 80	4 30	4 34	4 37	4 40	4 44	4 47
0 85	4 57	4 61	4 64	4 68	4 71	4 75
0 90	4 84	4 88	4 92	4 95	4 99	5 03
0 95	5 11	5 15	5 19	5 23	5 27	5 31
1 »	5 38	5 42	5 46	5 50	5 55	5 59
2 »	10 76	10 84	10 92	11 01	11 09	11 18
3 »	16 14	16 26	16 39	16 51	16 64	16 76
4 »	21 52	21 68	21 85	22 02	22 18	22 35
5 »	26 90	27 10	27 31	27 52	27 73	27 94
6 »	32 28	32 53	32 78	33 03	33 28	33 53
7 »	37 65	37 95	38 24	38 53	38 82	39 12
8 »	43 04	43 37	43 70	44 03	44 37	44 71
9 »	48 41	48 79	49 16	49 54	49 91	50 29
10 »	53 79	54 21	54 62	55 04	55 46	55 88
11 »	59 47	59 63	60 09	60 55	61 01	61 47
12 »	64 55	65 05	65 55	66 05	66 55	67 06

LONGUEURS		2,66		2,67		2,68		2,69		2,70		2,71	
0	05	0	28	0	28	0	29	0	29	0	29	0	29
0	10	0	56	0	57	0	57	0	58	0	58	0	58
0	15	0	84	0	85	0	86	0	86	0	87	0	88
0	20	1	13	1	13	1	14	1	15	1	16	1	17
0	25	1	41	1	42	1	43	1	44	1	45	1	46
0	30	1	69	1	70	1	71	1	73	1	74	1	75
0	35	1	97	1	99	2	»	2	02	2	03	2	05
0	40	2	25	2	27	2	29	2	30	2	32	2	34
0	45	2	53	2	55	2	57	2	59	2	61	2	63
0	50	2	82	2	84	2	86	2	88	2	90	2	92
0	55	3	10	3	12	3	14	3	17	3	19	3	21
0	60	3	38	3	40	3	43	3	45	3	48	3	51
0	65	3	66	3	69	3	71	3	74	3	77	3	80
0	70	3	94	3	97	4	»	4	03	4	06	4	09
0	75	4	22	4	25	4	29	4	32	4	35	4	38
0	80	4	50	4	54	4	57	4	61	4	64	4	68
0	85	4	79	4	82	4	86	4	89	4	93	4	97
0	90	5	07	5	11	5	14	5	18	5	22	5	26
0	95	5	35	5	39	5	43	5	47	5	51	5	55
1	»	5	63	5	67	5	72	5	76	5	80	5	84
2	»	11	26	11	35	11	43	11	52	11	60	11	69
3	»	16	89	17	02	17	15	17	27	17	40	17	53
4	»	22	52	22	69	22	86	23	03	23	20	23	38
5	»	28	15	28	36	28	58	28	79	29	01	29	22
6	»	33	78	34	04	34	29	34	55	34	81	35	06
7	»	39	42	39	71	40	01	40	31	40	61	40	91
8	»	45	05	45	38	45	73	46	06	46	41	46	75
9	»	50	68	51	06	51	44	51	82	52	21	52	60
10	»	56	31	56	73	57	16	57	58	58	01	58	44
11	»	61	94	62	40	62	87	63	34	63	81	64	29
12	»	67	57	68	08	68	59	69	10	69	61	70	13

LONGUEURS.	2,72		2,73		2,74		2,75		2,76		2,77	
0 05	0	29	0	30	0	30	0	30	0	30	0	31
0 10	0	59	0	59	0	60	0	60	0	61	0	61
0 15	0	88	0	89	0	90	0	90	0	91	0	92
0 20	1	18	1	19	1	19	1	20	1	21	1	22
0 25	1	47	1	48	1	49	1	50	1	52	1	53
0 30	1	77	1	78	1	79	1	81	1	82	1	83
0 35	2	06	2	08	2	09	2	11	2	12	2	14
0 40	2	35	2	37	2	39	2	41	2	42	2	44
0 45	2	65	2	67	2	69	2	71	2	73	2	75
0 50	2	94	2	96	2	99	3	01	3	03	3	05
0 55	3	24	3	26	3	29	3	31	3	33	3	36
0 60	3	53	3	56	3	58	3	61	3	64	3	66
0 65	3	83	3	85	3	88	3	91	3	94	3	97
0 70	4	12	4	15	4	18	4	21	4	24	4	27
0 75	4	42	4	45	4	48	4	51	4	55	4	58
0 80	4	71	4	74	4	78	4	81	4	85	4	88
0 85	5	»	5	04	5	08	5	11	5	15	5	19
0 90	5	30	5	34	5	38	5	42	5	46	5	50
0 95	5	59	5	63	5	68	5	72	5	76	5	80
1 »	5	89	5	93	5	97	6	02	6	06	6	11
2 »	11	77	11	86	11	95	12	04	12	12	12	21
3 »	17	66	17	79	17	92	18	05	18	19	18	32
4 »	23	55	23	72	23	90	24	07	24	25	24	42
5 »	29	44	29	65	29	87	30	09	30	31	30	53
6 »	35	32	35	59	35	85	36	11	36	37	36	64
7 »	41	21	41	52	41	82	42	13	42	43	42	74
8 »	47	10	47	45	47	79	48	14	48	50	48	85
9 »	52	99	53	38	53	77	54	16	54	56	54	95
10 »	58	87	59	31	59	74	60	18	60	62	61	06
11 »	64	76	65	24	65	72	66	20	66	68	67	16
12 »	70	65	71	17	71	69	72	22	72	74	72	27

LONGUEURS	2,78	2,79	2,80	2,81	2,82	2,83
0 05	0 31	0 31	0 31	0 31	0 32	0 32
0 10	0 61	0 62	0 62	0 63	0 63	0 64
0 15	0 92	0 93	0 94	0 94	0 95	0 96
0 20	1 23	1 24	1 25	1 26	1 27	1 27
0 25	1 54	1 55	1 56	1 57	1 58	1 59
0 30	1 84	1 86	1 87	1 89	1 90	1 91
0 35	2 15	2 17	2 18	2 20	2 21	2 23
0 40	2 46	2 48	2 50	2 51	2 53	2 55
0 45	2 77	2 79	2 81	2 83	2 85	2 87
0 50	3 07	3 10	3 12	3 14	3 16	3 19
0 55	3 38	3 41	3 43	3 46	3 48	3 51
0 60	3 69	3 72	3 74	3 77	3 80	3 82
0 65	4 »	4 03	4 06	4 08	4 11	4 14
0 70	4 30	4 34	4 37	4 40	4 43	4 46
0 75	4 61	4 65	4 68	4 71	4 75	4 78
0 80	4 92	4 96	4 99	5 03	5 06	5 10
0 85	5 25	5 27	5 30	5 34	5 38	5 42
0 90	5 53	5 58	5 62	5 66	5 70	5 74
0 95	5 84	5 88	5 93	5 97	6 01	6 05
1 »	6 15	6 19	6 24	6 28	6 33	6 37
2 »	12 30	12 39	12 48	12 57	12 66	12 75
3 »	18 45	18 58	18 72	18 85	18 98	19 12
4 »	24 60	24 78	24 96	25 13	25 31	25 49
5 »	30 75	30 97	31 19	31 41	31 64	31 87
6 »	36 90	37 17	37 43	37 70	37 97	38 24
7 »	43 05	43 36	43 67	43 98	44 30	44 61
8 »	49 20	49 55	49 91	50 27	50 63	50 99
9 »	55 35	55 75	56 15	56 55	56 95	57 36
10 »	61 50	61 94	62 39	62 83	63 28	63 73
11 »	67 65	68 14	68 63	69 12	69 61	70 11
12 »	73 80	74 33	74 87	75 40	75 94	76 48

LONGUEURS.	2,84	2,85	2,86	2,87	2,88	2,89
0 05	0 52	0 52	0 53	0 53	0 53	0 53
0 10	0 64	0 65	0 65	0 66	0 66	0 66
0 15	0 96	0 97	0 98	0 98	0 99	1 »
0 20	1 28	1 29	1 30	1 31	1 32	1 33
0 25	1 60	1 62	1 63	1 64	1 65	1 66
0 30	1 93	1 94	1 95	1 97	1 98	1 99
0 35	2 25	2 26	2 28	2 29	2 31	2 33
0 40	2 57	2 59	2 60	2 62	2 64	2 66
0 45	2 89	2 91	2 93	2 95	2 97	2 99
0 50	3 21	3 23	3 25	3 28	3 30	3 32
0 55	3 53	3 56	3 58	3 61	3 63	3 66
0 60	3 85	3 88	3 91	3 95	3 96	3 99
0 65	4 17	4 20	4 23	4 26	4 29	4 32
0 70	4 49	4 52	4 56	4 59	4 62	4 65
0 75	4 81	4 85	4 88	4 92	4 95	4 98
0 80	5 15	5 17	5 21	5 24	5 28	5 32
0 85	5 46	5 49	5 55	5 57	5 64	5 65
0 90	5 78	5 82	5 86	5 90	5 94	5 98
0 95	6 10	6 14	6 18	6 23	6 27	6 31
1 »	6 42	6 46	6 51	6 55	6 60	6 65
2 »	12 84	12 93	13 02	13 11	13 20	13 29
3 »	19 26	19 39	19 53	19 66	19 80	19 94
4 »	25 67	26 85	26 04	26 22	26 40	26 58
5 »	32 09	32 32	32 55	32 77	33 »	33 25
6 »	38 51	38 78	39 05	39 33	39 60	39 88
7 »	44 93	45 25	45 56	45 88	46 20	46 52
8 »	51 35	51 71	52 07	52 44	52 80	53 17
9 »	57 76	58 17	58 58	58 99	59 40	59 82
10 »	64 18	64 64	65 09	65 55	66 »	66 46
11 »	70 60	71 10	71 60	72 10	72 60	73 11
12 »	77 02	77 56	78 11	78 66	79 21	79 76

LONGUEURS.	2,90		2,91		2,92		2,93		2,94		2,95	
0 05	0	33	0	34	0	34	0	34	0	34	0	35
0 10	0	67	0	67	0	68	0	68	0	69	0	69
0 15	1	»	1	01	1	02	1	02	1	03	1	04
0 20	1	34	1	35	1	36	1	37	1	38	1	39
0 25	1	67	1	68	1	70	1	71	1	72	1	73
0 30	2	01	2	02	2	04	2	05	2	06	2	08
0 35	2	34	2	36	2	38	2	39	2	41	2	42
0 40	2	68	2	70	2	71	2	73	2	75	2	77
0 45	3	01	3	03	3	05	3	08	3	10	3	12
0 50	3	35	3	37	3	39	3	42	3	44	3	46
0 55	3	68	3	71	3	73	3	76	3	78	3	81
0 60	4	02	4	04	4	07	4	10	4	13	4	16
0 65	4	35	4	38	4	41	4	44	4	47	4	50
0 70	4	68	4	72	4	75	4	78	4	81	4	85
0 75	5	02	5	05	5	09	5	12	5	16	5	20
0 80	5	35	5	39	5	43	5	47	5	50	5	55
0 85	5	69	5	73	5	77	5	81	5	85	5	89
0 90	6	02	6	07	6	11	6	15	6	19	6	23
0 95	6	36	6	40	6	45	6	50	6	54	6	58
1 »	6	69	6	74	6	79	6	83	6	88	6	93
2 »	13	38	13	48	13	57	13	66	13	76	13	85
3 »	20	08	20	22	20	36	20	49	20	63	20	78
4 »	26	77	26	96	27	14	27	33	27	51	27	70
5 »	33	46	33	69	33	93	34	16	34	39	34	63
6 »	40	15	40	43	40	71	40	99	41	27	41	55
7 »	46	84	47	17	47	50	47	82	48	15	48	48
8 »	53	54	53	91	54	28	54	65	55	02	55	40
9 »	60	23	60	65	61	07	61	49	61	90	62	33
10 »	66	92	67	39	67	85	68	32	68	78	69	25
11 »	73	62	74	13	74	64	75	15	75	67	76	18
12 »	80	31	80	86	81	42	81	98	82	54	83	10

LONGUEURS.	2,96		2,97		2,98		2,99		3,00		3,01	
0 05	0	35	0	35	0	35	0	36	0	36	0	36
0 10	0	70	0	70	0	71	0	71	0	72	0	72
0 15	1	05	1	05	1	06	1	07	1	07	1	08
0 20	1	39	1	40	1	41	1	42	1	43	1	44
0 25	1	74	1	75	1	77	1	78	1	79	1	80
0 30	2	09	2	11	2	12	2	13	2	15	2	16
0 35	2	44	2	46	2	47	2	49	2	51	2	52
0 40	2	79	2	81	2	83	2	85	2	86	2	88
0 45	3	14	3	16	3	18	3	20	3	22	3	24
0 50	3	49	3	51	3	53	3	56	3	58	3	60
0 55	3	83	3	86	3	89	3	92	3	94	3	97
0 60	4	18	4	21	4	24	4	27	4	30	4	33
0 65	4	53	4	56	4	59	4	62	4	66	4	69
0 70	4	88	4	91	4	95	4	98	5	01	5	05
0 75	5	23	5	26	5	30	5	34	5	37	5	41
0 80	5	58	5	62	5	65	5	69	5	73	5	77
0 85	5	93	5	97	6	01	6	05	6	09	6	13
0 90	6	28	6	32	6	36	6	40	6	45	6	49
0 95	6	63	6	67	6	71	6	76	6	80	6	85
1 »	6	97	7	02	7	07	7	11	7	16	7	21
2 »	13	94	14	04	14	13	14	23	14	32	14	42
3 »	20	92	21	06	21	20	21	34	21	49	21	63
4 »	27	89	28	08	28	27	28	46	28	65	28	84
5 »	34	86	35	10	35	33	35	57	35	81	36	05
6 »	41	83	42	12	42	40	42	69	42	97	43	26
7 »	48	80	49	13	49	47	49	80	50	13	50	47
8 »	55	78	56	15	56	53	56	91	57	29	57	68
9 »	62	75	63	17	63	60	64	03	64	46	64	89
10 »	69	72	70	19	70	67	71	14	71	62	72	10
11 »	76	69	77	21	77	73	78	26	78	78	79	31
12 »	83	67	84	23	84	80	85	37	85	94	86	52

TABLEAU

SERVANT A CUBER,

d'après l'ancienne méthode,

LES BOIS RONDS OU GRUMES

considérés

COMME ÉQUIVALENTS A DES PIÈCES DE BOIS CARRÉ DE MÊME CIRCONFÉRENCE.

Circon-férence.	Voyez		Circon-férence.	Voyez	
	de	page		de	page
0 50	12 à 13	22	0 63	13 à 19	25
0 51	10 à 16	19	0 64	16 à 16	30
0 52	13 à 13	24	0 65	12 à 22	23
0 53	11 à 16	20	0 66	16 à 17	30
0 54	13 à 14	24	0 67	14 à 20	27
0 55	10 à 19	19	0 68	17 à 17	32
0 56	14 à 14	26	0 69	13 à 23	25
0 57	12 à 17	22	0 70	17 à 18	32
0 58	14 à 15	26	0 71	15 à 21	29
0 59	12 à 18	23	0 72	18 à 18	34
0 60	15 à 15	28	0 73	14 à 24	27
0 61	11 à 21	21	0 74	18 à 19	34
0 62	15 à 16	28	0 75	16 à 22	31

Circonférence.	Voyez de	page	Circonférence.	Voyez de	page
0 76	19 à 19	36	1 07	23 à 31	45
0 77	16 à 23	31	1 08	27 à 27	52
0 78	19 à 20	36	1 09	24 à 31	47
0 79	15 à 26	29	1 10	27 à 28	52
0 80	20 à 20	38	1 11	24 à 32	47
0 81	17 à 24	33	1 12	28 à 28	54
0 82	20 à 21	38	1 13	25 à 32	49
0 83	18 à 24	35	1 14	28 à 29	54
0 84	21 à 21	40	1 15	25 à 33	49
0 85	18 à 25	35	1 16	29 à 29	56
0 86	21 à 22	40	1 17	26 à 33	51
0 87	19 à 25	37	1 18	29 à 30	56
0 88	22 à 22	42	1 19	26 à 34	51
0 89	19 à 26	37	1 20	30 à 30	58
0 90	22 à 23	42	1 21	27 à 34	53
0 91	20 à 26	39	1 22	30 à 31	58
0 92	23 à 25	44	1 23	27 à 35	53
0 93	20 à 27	39	1 24	31 à 31	60
0 94	23 à 24	44	1 25	27 à 36	53
0 95	21 à 27	41	1 26	31 à 32	60
0 96	24 à 24	46	1 27	28 à 36	55
0 97	21 à 28	41	1 28	32 à 32	62
0 98	24 à 25	46	1 29	28 à 37	55
0 99	21 à 29	41	1 30	32 à 33	62
1 00	25 à 25	48	1 31	29 à 37	57
1 01	22 à 29	43	1 32	33 à 33	64
1 02	25 à 26	48	1 33	29 à 38	57
1 03	22 à 30	43	1 34	33 à 34	64
1 04	26 à 26	50	1 35	30 à 38	59
1 05	23 à 30	45	1 36	34 à 34	66
1 06	26 à 27	50	1 37	30 à 39	59

Circonférence.	Voyez de	page	Circonférence.	Voyez de	page
1 38	34 à 35	66	1 69	38 à 47	75
1 39	31 à 39	61	1 70	42 à 43	81
1 40	35 à 35	68	1 71	38 à 48	75
1 41	31 à 40	61	1 72	43 à 43	82
1 42	35 à 36	68	1 73	39 à 48	77
1 43	32 à 40	63	1 74	43 à 44	82
1 44	36 à 36	70	1 75	Cir.1,55	139
1 45	32 à 41	63	1 76	44 à 44	83
1 46	36 à 37	70	1 77	40 à 49	79
1 47	33 à 41	65	1 78	44 à 45	83
1 48	37 à 37	72	1 79	40 à 50	79
1 49	Cir.1,32	135	1 80	45 à 45	84
1 50	37 à 38	72	1 81	40 à 51	79
1 51	34 à 42	67	1 82	45 à 46	84
1 52	38 à 38	74	1 83	Cir.1,62	140
1 53	34 à 43	67	1 84	46 à 46	85
1 54	38 à 39	74	1 85	Cir.1,64	141
1 55	35 à 43	69	1 86	46 à 47	85
1 56	39 à 39	76	1 87	Cir.1,66	141
1 57	35 à 44	69	1 88	47 à 47	86
1 58	39 à 40	76	1 89	Cir.1,68	141
1 59	Cir.1,41	137	1 90	47 à 48	86
1 60	40 à 40	78	1 91	Cir.1,69	141
1 61	36 à 45	71	1 92	48 à 48	87
1 62	40 à 41	78	1 93	Cir.1,71	142
1 63	37 à 45	73	1 94	48 à 49	87
1 64	41 à 41	80	1 95	Cir.1,73	142
1 65	37 à 46	73	1 96	49 à 49	88
1 66	41 à 42	80	1 97	Cir.1,75	142
1 67	Cir.1,48	138	1 98	49 à 50	88
1 68	42 à 42	81	1 99	Cir.1,76	143

Circonférence	Voyez		Circonférence	Voyez	
	de	page		de	page
2 00	50 à 50	89	2 31	Cir.2,05	147
2 01	Cir.1,78	143	2 32	58 à 58	97
2 02	50 à 51	89	2 33	Cir.2,06	148
2 03	Cir.1,80	143	2 34	58 à 59	97
2 04	51 à 51	90	2 35	Cir.2,08	148
2 05	Cir.1,82	144	2 36	59 à 59	98
2 06	51 à 52	90	2 37	Cir.2,10	148
2 07	Cir.1,83	144	2 38	59 à 60	98
2 08	52 à 52	91	2 39	Cir.2,12	149
2 09	Cir.1,85	144	2 40	60 à 60	99
2 10	52 à 53	91	2 41	Cir.2,14	149
2 11	Cir.1,87	144	2 42	60 à 61	99
2 12	53 à 53	92	2 43	Cir.2,15	149
2 13	Cir.1,89	145	2 44	61 à 61	100
2 14	53 à 54	92	2 45	Cir.2,17	149
2 15	Cir.1,91	145	2 46	61 à 62	100
2 16	54 à 54	93	2 47	Cir.2,19	150
2 17	Cir.1,93	145	2 48	62 à 62	101
2 18	54 à 55	93	2 49	Cir.2,21	150
2 19	Cir.1,94	146	2 50	62 à 63	101
2 20	55 à 55	94	2 51	Cir.2,22	150
2 21	Cir.1,96	146	2 52	63 à 63	102
2 22	55 à 56	94	2 53	Cir.2,24	151
2 23	Cir.1,98	146	2 54	63 à 64	102
2 24	56 à 56	95	2 55	Cir.2,26	151
2 25	Cir.1,99	146	2 56	64 à 64	103
2 26	56 à 57	95	2 57	Cir.2,28	151
2 27	Cir.2,01	147	2 58	64 à 65	103
2 28	57 à 57	96	2 59	Cir.2,30	152
2 29	Cir.2,03	147	2 60	65 à 65	104
2 30	57 à 58	96	2 61	Cir.2,31	152

Circonférence.	Voyez de	page	Circonférence.	Voyez de	page
2 62	65 à 66	104	2 93	Cir.2,60	157
2 63	Cir.2,33	152	2 94	73 à 74	112
2 64	66 à 66	105	2 95	Cir.2,61	157
2 65	Cir.2,35	152	2 96	74 à 74	113
2 66	66 à 67	105	2 97	Cir.2,63	157
2 67	Cir.2,36	153	2 98	74 à 75	113
2 68	67 à 67	146	2 99	Cir.2,65	157
2 69	Cir.2,38	153	3 00	75 à 75	114
2 70	67 à 68	106	3 01	Cir.2,67	158
2 71	Cir.2,40	153	3 02	75 à 76	114
2 72	68 à 68	107	3 03	Cir.2,69	158
2 73	Cir.2,42	154	3 04	76 à 76	115
2 74	68 à 69	107	3 05	Cir.2,70	158
2 75	Cir.2,44	154	3 06	76 à 77	115
2 76	69 à 69	108	3 07	Cir.2,72	159
2 77	Cir.2,45	154	3 08	77 à 77	116
2 78	69 à 70	108	3 09	Cir.2,74	159
2 79	Cir.2,47	154	3 10	77 à 78	116
2 80	70 à 70	109	3 11	Cir.2,76	159
2 81	Cir.2,49	155	3 12	78 à 78	117
2 82	70 à 71	109	3 13	Cir.2,77	159
2 83	Cir.2,51	155	3 14	78 à 79	117
2 84	71 à 71	110	3 15	Cir.2,79	160
2 85	Cir.2,53	155	3 16	79 à 79	118
2 86	71 à 72	110	3 17	Cir.2,81	160
2 87	Cir.2,54	156	3 18	79 à 80	118
2 88	72 à 72	111	3 19	Cir.2,83	160
2 89	Cir.2,56	156	3 20	80 à 80	119
2 90	72 à 73	111	3 21	Cir.2,84	161
2 91	Cir.2,58	156	3 22	80 à 81	119
2 92	73 à 73	112	3 23	Cir.2,86	161

TABLES

POUR LA CUBATURE

DES

BOIS DE PETIT ÉCHANTILLON

ET

SPÉCIALEMENT DESTINÉES POUR CUBER LES FLACHES
DES ARBRES GROSSIÈREMENT ÉCARRIS.

LONGUEURS.	De 0,02 centim. à		De 0,03 centim. à	
	0,02	0,03	0,03	0,04
0 05	0 0002	0 0003	0 0004	0 0006
0 10	0 0004	0 0006	0 0009	0 0012
0 15	0 0006	0 0009	0 0013	0 0018
0 20	0 0008	0 0012	0 0018	0 0024
0 25	0 0010	0 0015	0 0022	0 0030
0 30	0 0012	0 0018	0 0027	0 0036
0 35	0 0014	0 0021	0 0031	0 0042
0 40	0 0016	0 0024	0 0036	0 0048
0 45	0 0018	0 0027	0 0040	0 0054
0 50	0 0020	0 0030	0 0045	0 0060
0 55	0 0022	0 0033	0 0049	0 0066
0 60	0 0024	0 0036	0 0054	0 0072
0 65	0 0026	0 0039	0 0058	0 0078
0 70	0 0028	0 0042	0 0063	0 0084
0 75	0 0030	0 0045	0 0067	0 0090
0 80	0 0032	0 0048	0 0072	0 0096
0 85	0 0034	0 0051	0 0076	0 0102
0 90	0 0036	0 0054	0 0081	0 0108
0 95	0 0038	0 0057	0 0085	0 0114
1 »	0 004	0 006	0 009	0 012
2 »	0 008	0 012	0 018	0 024
3 »	0 012	0 018	0 027	0 036
4 »	0 016	0 024	0 036	0 048
5 »	0 020	0 030	0 045	0 060
6 »	0 024	0 036	0 054	0 072
7 »	0 028	0 042	0 063	0 084
8 »	0 032	0 048	0 072	0 096
9 »	0 036	0 054	0 081	0 108
10 »	0 04	0 06	0 09	0 12

LONGUEURS.	De 0,04 centim. à		De 0,05 centim. à	
	0,04	0,05	0,05	0,06
0 05	0 0008	0 001	0 0012	0 0015
0 10	0 0016	0 002	0 0025	0 0030
0 15	0 0024	0 003	0 0937	0 0045
0 20	0 0032	0 004	0 0050	0 0060
0 25	0 0040	0 005	0 0062	0 0075
0 30	0 0048	0 006	0 0075	0 0090
0 35	0 0056	0 007	0 0087	0 0105
0 40	0 0064	0 008	0 0100	0 0120
0 45	0 0072	0 009	0 0112	0 0135
0 50	0 0080	0 010	0 0125	0 0150
0 55	0 0088	0 011	0 0137	0 0165
0 60	0 0096	0 012	0 0150	0 0180
0 65	0 0104	0 013	0 0162	0 0195
0 70	0 0112	0 014	0 0175	0 0210
0 75	0 0120	0 015	0 0187	0 0225
0 80	0 0128	0 016	0 0200	0 0240
0 85	0 0136	0 017	0 0212	0 0255
0 90	0 0144	0 018	0 0225	0 0270
0 95	0 0152	0 019	0 0237	0 0285
1 »	0 016	0 02	0 025	0 03
2 »	0 032	0 04	0 050	0 06
3 »	0 048	0 06	0 075	0 09
4 »	0 064	0 08	0 100	0 12
5 »	0 080	0 10	0 125	0 15
6 »	0 096	0 12	0 150	0 18
7 »	0 112	0 14	0 175	0 21
8 »	0 128	0 16	0 200	0 24
9 »	0 144	0 18	0 225	0 27
10 »	0 16	0 20	0 25	0 30

LONGUEURS.	De 0,06 centim. à		De 0,07 centim. à	
	0,06	0,07	0,07	0,08
0 05	0 0018	0 0021	0 0024	0 0028
0 10	0 0036	0 0042	0 0049	0 0056
0 15	0 0054	0 0063	0 0073	0 0084
0 20	0 0072	0 0084	0 0098	0 0112
0 25	0 0090	0 0105	0 0122	0 0140
0 30	0 0108	0 0126	0 0147	0 0168
0 35	0 0126	0 0147	0 0171	0 0196
0 40	0 0144	0 0168	0 0196	0 0224
0 45	0 0162	0 0189	0 0220	0 0252
0 50	0 0180	0 0210	0 0245	0 0280
0 55	0 0198	0 0231	0 0269	0 0308
0 60	0 0216	0 0252	0 0294	0 0336
0 65	0 0234	0 0273	0 0318	0 0364
0 70	0 0252	0 0294	0 0343	0 0392
0 75	0 0270	0 0315	0 0367	0 0420
0 80	0 0288	0 0336	0 0392	0 0448
0 85	0 0306	0 0357	0 0416	0 0476
0 90	0 0324	0 0378	0 0441	0 0504
0 95	0 0342	0 0399	0 0465	0 0532
1 »	0 036	0 042	0 049	0 056
2 »	0 072	0 084	0 098	0 112
3 »	0 108	0 126	0 147	0 168
4 »	0 144	0 168	0 196	0 224
5 »	0 180	0 210	0 245	0 280
6 »	0 216	0 252	0 294	0 336
7 »	0 252	0 294	0 343	0 392
8 »	0 288	0 336	0 392	0 448
9 »	0 324	0 378	0 441	0 504
10 »	0 56	0 42	0 49	0 56

LONGUEURS	De 0,08 centimètres à			
	0,08	0,09	0,10	0,11
0 05	0 0032	0 0036	0 004	0 0044
0 10	0 0064	0 0072	0 008	0 0088
0 15	0 0096	0 0108	0 012	0 0132
0 20	0 0128	0 0144	0 016	0 0176
0 25	0 0160	0 0180	0 020	0 0220
0 30	0 0192	0 0216	0 024	0 0264
0 35	0 0224	0 0252	0 028	0 0308
0 40	0 0256	0 0288	0 032	0 0352
0 45	0 0288	0 0324	0 036	0 0396
0 50	0 0320	0 0360	0 040	0 0440
0 55	0 0352	0 0396	0 044	0 0484
0 60	0 0384	0 0432	0 048	0 0528
0 65	0 0416	0 0468	0 052	0 0572
0 70	0 0448	0 0504	0 056	0 0616
0 75	0 0480	0 0540	0 060	0 0660
0 80	0 0512	0 0576	0 064	0 0704
0 85	0 0544	0 0612	0 068	0 0748
0 90	0 0576	0 0648	0 072	0 0792
0 95	0 0608	0 0684	0 076	0 0836
1 »	0 064	0 072	0 08	0 088
2 »	0 128	0 144	0 16	0 176
3 »	0 192	0 216	0 24	0 264
4 »	0 256	0 288	0 32	0 352
5 »	0 320	0 360	0 40	0 440
6 »	0 384	0 432	0 48	0 528
7 »	0 448	0 504	0 56	0 616
8 »	0 512	0 576	0 64	0 704
9 »	0 575	0 648	0 72	0 792
10 »	0 64	0 72	0 80	0 88

LONGUEURS.	De 0,09 centimètres à			
	0,09	0,10	0,11	0,12
0 05	0 0040	0 0045	0 0049	0 0054
0 10	0 0081	0 0090	0 0099	0 0108
0 15	0 0121	0 0135	0 0148	0 0167
0 20	0 0162	0 0180	0 0198	0 0216
0 25	0 0202	0 0225	0 0247	0 0270
0 30	0 0243	0 0270	0 0297	0 0324
0 35	0 0283	0 0315	0 0346	0 0378
0 40	0 0324	0 0360	0 0396	0 0432
0 45	0 0364	0 0405	0 0445	0 0486
0 50	0 0405	0 0450	0 0495	0 0540
0 55	0 0445	0 0495	0 0544	0 0594
0 60	0 0486	0 0540	0 0594	0 0648
0 65	0 0526	0 0585	0 0643	0 0702
0 70	0 0567	0 0630	0 0693	0 0756
0 75	0 0607	0 0675	0 0742	0 0810
0 80	0 0648	0 0720	0 0792	0 0864
0 85	0 0688	0 0765	0 0841	0 0918
0 90	0 0729	0 0810	0 0891	0 0972
0 95	0 0769	0 0855	0 094	0 1026
1 »	0 081	0 09	0 099	0 108
2 »	0 162	0 18	0 198	0 216
3 »	0 243	0 27	0 297	0 324
4 »	0 324	0 36	0 396	0 432
5 »	0 405	0 45	0 495	0 540
6 »	0 486	0 54	0 594	0 648
7 »	0 567	0 63	0 693	0 756
8 »	0 648	0 72	0 792	0 864
9 »	0 729	0 81	0 891	0 972
10 »	0 81	0 90	0 99	1 08